地理环境与资源约束微利生态循环规划实践

付毅菁　申倩　付成群　编著

黑龙江科学技术出版社

图书在版编目（CIP）数据

地理环境与资源约束微利生态循环规划实践 / 付毅菁，申倩，
付成群编著 . -- 哈尔滨：黑龙江科学技术出版社，2018.3
ISBN 978-7-5388-9621-3

Ⅰ．①地… Ⅱ．①付… ②申… ③付… Ⅲ．①生态农业－循环
系统－系统规划 Ⅳ．① S-0

中国版本图书馆 CIP 数据核字（2018）第 058911 号

地理环境与资源约束微利生态循环规划实践
DILI HUANJING YU ZIYUAN YUESHU WEILI SHENGTAI XUNHUAN GUIHUA SHIJIAN

作　　者　付毅菁　申　倩　付成群
责任编辑　王　研
封面设计　皓　月
出　　版　黑龙江科学技术出版社
　　　　　地址：哈尔滨市南岗区公安街 70-2 号　　邮编：150007
　　　　　电话：（0451）53642106　传真：（0451）53642143
　　　　　网址：www.lkcbs.cn
印　　刷　廊坊市海涛印刷有限公司
开　　本　880 mm × 1230 mm　1/32
印　　张　8
字　　数　191 千字
版　　次　2018 年 3 月第 1 版
印　　次　2022 年 8 月第 3 次印刷
书　　号　ISBN 978-7-5388-9621-3
定　　价　45.00 元

　　中国在人均耕地资源非常有限的情况下，发展种植业与养殖业生态循环产业链，在开发利用土地资源过程中坚持环境保护，是解决三农问题的有效方法。本书以地理环境与资源约束微利产业循环规划实践为背景，完成了以下几个方面的工作：

　　一是提出了基于区域优势资源和地理环境优势的一种农牧相结合的产业循环模式，即将玉米种植产生的青贮饲料用于发展育肥肉牛，育肥肉牛产生的牛粪用于发展适合露天环境的蚯蚓，蚯蚓养殖产生的蚯蚓粪用于发展有机蔬菜大棚种植，通过发挥地理环境优势和地理资源优势来降低生产成本，提高有机农产品质量，增强市场竞争力。

　　二是提出了种植与养殖产业生态循环组合形成的产业链的规模比例，在我国中原地区按 15000 : 75 : 100 : 400 的比例将玉米种植、育肥肉牛、蚯蚓养殖和有机蔬菜种植比较合理，能形成生态循环，不会污染环境。微利生态循环有利于改善农业产业结构，有利于增加农民就业、有利于增加农民收入，也有利于保护环境，是解决三农问题的一种有效方法。

　　三是开展了无人机倾斜摄影测量获取园区高分辨率环境数据调查工作，以高分辨率环境数据为基础，通过对运输距离、道路通行能力等影响因子进行分析，建立了区域优势资源青贮饲料区与育肥肉牛数量以经济效益为目标函数的线性规划模型；研发了智控温室大棚系统，提供给温室内作物合适的生长环境条件的控制，可以提高作物产量和品质，节约劳动力，节约能源。

　　四是设计开发了面向农牧循环体的综合信息平台，提出了微利生态循环产业园的发展目标、发展计划、融资方案和运营管理方法，并对园区经营效益和经营风险控制提出了建议。

由于作者水平有限，本书难免存在一些缺点和不足，敬请读者批评指正。

付毅菁　申　倩　付成群

2018 年 5 月

目录 ◖

1 微利生态循环

1.1 基本假设

信息共享的不充分是市场竞争不彻底、不完善的主要原因，信息共享的不充分造成了信息壁垒；资源利用的不平衡是产业高风险、高利润的根本原因，资源（技术资源、资金市场资源、自然环境资源、社会环境资源等）利用的不平衡造成了市场高利润产出；信息壁垒造成发展的不均衡、不充分，行业暴利造成发展的不充分、不稳定，信息壁垒与行业暴利已经成为人民日益增长的美好生活需要和不平衡、不充分的发展之间矛盾的主要因素。

1.1.1 信息透明

互联网＋、大数据、物联网、云计算等技术的发展使得各行业的信息开放和共享，从而促进了行业之间信息透明。互联网＋、物联网、大数据、云计算等信息技术是破除信息壁垒的主要手段；信息技术的充分发展可以实时共享信息并消除信息壁垒，从而使得"信息透明"成为信息时代的主要特征之一。

1.1.2 微利经济

在信息透明的前提下，通过市场竞争调节来克服传统行业因为信息不对称造成的行业壁垒现象，逐步消除了各传统行业信息不对称现象，也会消除行业壁垒，从而消除暴利，使得传统行业微利收益成为新时代常态模式。

1.1.3 环境保护

信息共享和人类认知的提升促使人们的维权意识增强，经济发展不会以牺牲环境保护为代价谋求发展，以前那种"先污染后治理"的产业模式，或者"边污染边治理"的发展模式都不会再发生，各行各业都会高度重视环境保护问题，所有生产环节都严格受环境保护约束，不能造成环境污染事件。

1.2 微利生态循环

1.2.1 微利时代

信息时代最重要的特征是大数据与信息共享，随着信息时代的到来，大数据共享能够消除信息不对称，信息共享使得各行业信息透明，行业之间的技术、生产利润是能够获取到的。大数据与专业规划的结合，通过吸引大众化创业入市，可以逐步打破行业间的壁垒，市场竞争行为使得高利润行业逐步透明化，从而逐步消除高利润行业，促进了微利时代的到来。人才、技术、资金和资源是大众创业的核心问题。现实情况下，人才资源能解决技术问题，市场投资能解决资金问题。在这种情况下，人才与资源成为信息时代的核心竞争力。在微利时代降低成本主要是降低人力成本和资源成本，在原材料产地发展相关产业能降低资源成本和人力成本，这是微利行业的必然发展模式。

1.2.2 微利循环体

在微利时代，为了提高投资回报率，必须充分挖掘人力与资源优势，将多种产业形成闭合链路。运用产业链循环，使得后继产业循环链连续产生利润，通过多个产业链的微利积累来提高产业利润，这就是微利循环体。

1.2.3 微利生态循环

微利生态循环就是在信息透明时代，将绿色农业、环保畜牧业、特殊养殖、有机种植等农牧产业，以及经过市场竞争后而生存下来的微利农牧产业，按照合理的比例关系科学组合形成循环产业链。通过发挥地理环境优势和地理原材料优势，使得产业链中各个产业的生产成本降低，各个产业生产废弃物都能够在循环体产业链中进行废物利用，不会造成环境污染。利用各个产业链路微弱利润的产业循环积累产生较高收益，从而体现社会的公平正义，增强人民群众的获得感。

1.2.4 微利生态循环符合国情

1.2.4.1 我国人多地少的国情需要农牧循环体来解决农村人口就业问题

中国大陆 13.7 亿多人口有近 6 亿在农村（2016 年末国家统计局数据），农民问题仍然是我国的主要问题。我国耕地面积排世界第四，而人均耕地面积仅占全世界人均耕地面积的 1/3，不管是发展精细耕作的农业，还是发展畜牧业，都严重制约于耕地面积，用人均如此少的耕地来解决农民就业与增产增收难度很大。如果将农业与畜牧业组合成循环产业体，用种植农业产生的秸秆饲料支撑畜牧业，再用畜牧业产生的有机肥料支撑农业种植，通过精细耕作和生态养殖则能解决更多人口就业的问题。

1.2.4.2 微利循环能实现农民增产增收

随着信息时代的到来，大数据共享能够消除信息不对称的现象，同时也打破了行业壁垒，使得传统暴利行业（原始创新除外）逐步透明化，通过市场竞争吸引大众化创业入市，逐步消灭高利润行业，从而促进了微利时代的到来。在微利经济模式下，为了提高产出，就需要将几种产业组合成产业链，在产业循环链路上连续产生利润，通过多个产业链的微利积累来提高产业利润。比如蚯蚓养殖需要育肥肉牛产生的牛粪，如果单独从事蚯蚓养殖业，则需购置牛粪作为原材料，会产生原材料成本费用和运输费用，每亩田 8 期的蚯蚓养殖需要 250 吨鲜牛粪，其成本费用在 5 000 元左右，再加上远距离的原材料运输费也需要几千元，在微利经济模式下，这种产业显然不具备竞争力和发展前景。但是在微利循环体产业链中，由于产业链路是循环体，就不存在成本费与运输费，通过变废为宝实现农民增产增收。

1.2.4.3 农牧产业循环可实现环境保护

农业种植产生的秸秆由于其返田成本较高，大部分农民选择焚烧处理，这就造成了污染环境的现象，畜牧养殖业产生的粪便、尿液若不能妥善利用也会污染环境。为了维护人们的健康，以及对环境的保护，使农牧业走向可持续的发展道路，我们必须研究生产符合绿色无公害要求的农牧业发展。比如将农业种植产生的秸秆转变为黄贮饲料用于育肥肉牛，育肥肉牛产生的牛粪用于蚯蚓养殖，蚯蚓养殖生产的蚯蚓粪用于有机大棚种植。将这几种产业链按照适当的比例科学组合形成循环产业链，实现整个农牧业循环、所有产业链的废料变废为宝，不仅不会污染环境，还能实现废物再利用。

1.2.4.4 微利产业能增强人民群众的获得感

在土地联产承包责任制生产过程中，由于农民对市场信息把握不准，客观上会造成生产的无序性。农业生产过程中增产不增收的现象还比较普遍，这给农业生产带来了危害，近几年来"往田里倒牛奶""蔬菜腐烂田间""大量水果成熟却无人收"的现象时有发生。当农民的辛苦劳动不能带来等价的回报时，就会造成人民群众的获得感下降。然而，微利产业是经济市场激烈竞争生存下来的，在微利农牧循环体的产业链路中，由于投入与产出是透明的，下一个产业的生产原料是上一个产业的生产产品，独立从事任何一个产业都会造成成本提升，并且由于各个产业链路是微利产业，各个产业利润低，从而可以避免恶性竞争。微利循环产业是通过利润多环节累积来增加农民收入的，微利产业只要辛勤劳动就会多劳多得，既体现了社会的公平正义，同时也增强了人民群众的获得感。

1.3 "三农"措施

1.3.1 "三农"问题

中国是一个农业大国"三农"问题关系到国民素质、经济发展，关系到社会稳定、国家富强。中国的国情同澳大利亚、美国、加拿大等西方国家不同，这些国家地大物博，人口相对稀少，无论发展农业还是发展畜牧业，人均土地占有面积都相对较多，发展单纯的经济受土地制约因素小。中国国情是地大物博，人口众多，截至 2016 年，世界人均耕地面积是 4.8 亩，而中国人均耕地面积仅有 1.3 亩，世界排名是第 126 位。还有一个非常重要的国情是中国农民人口占多数，人均可耕面积非常有限。这种情况下，无论是单纯发展耕种农业，还是发展畜牧业，都严重制约于耕地面积。

1.3.1.1 历史上"三农"问题的核心是土地问题

五千年来"三农"问题的核心一直是土地问题。近数百年来，明末李自成农民运动中，提出了"均田免赋""贵贱均田"等口号，还散布"迎闯王，不纳粮"的歌谣，获得广大人民的支持，队伍发展到百万之众，推翻了明王朝；太平天国农民运动颁布的《天朝田亩制度》建国纲领提出了"平均地权，均贫富"的愿望；辛亥革命中资产阶级提出了"驱除鞑虏，恢复中华，创立民国，平均地权"十六字政治纲领，推翻了清王朝；然而真正实现"耕者有其田"的还是中国共产领导的新民主主义革命，1926 年毛泽东在《湖南农民运动调查报告》中指出土地革命时期的土地问题是核心，几千年来农民对土地看得比生命还重要；"打土豪、分田地"口号标语最先出现在1927年的文家市。中国农民运动历史表明，在中国解决好土地问题是社会稳定的基础。

1.3.1.2　信息时代农民由土地问题转变为就业问题

五千年来，中国农民问题的核心一直是土地问题。然而，随着信息技术的发展。农民对土地问题的关注度在发生变化。1956年完成社会主义改造后，土地归国有；1978年实行联产承包责任制，实现了包产到户，农民拥有了土地的生产经营权。

农民的辛苦劳动不一定能带来等价的回报，在这种情况下，农民对土地问题的关注逐渐转变为对就业问题的关注。

1.3.1.3　"三农"问题的核心

在"三农"问题中，农业问题的核心是产业结构问题，农村问题的核心是剩余劳动力就业问题，农民问题的核心是增产增收问题。解决"三农"问题，需要按市场需求改善农业产业结构，从而增加就业和增加农民收入。

1.3.2　国家措施

围绕"三农"问题，十八届六中全会中央的政策与措施主要有八个方面。

（1）推进农村产业结构的战略性调整。

要大力推进农村产业结构的战略性调整，培育主导产业，努力增加农民收入。

首先，选准结构调整的突破口，对农业和农村产业结构进行全面的优化升级。按照市场经济规律的要求，遵循广开思路、广辟渠道、多种经营、突出特色、搞活经济、提高效益的原则，按照调高、调优、调出质量和效益的方向，充分利用区内、区外两种资源和两个市场，通过区域布局调整，优化资源配量，发挥资源优势，尽快形成优势产区和产业带；通过产品结构调整，加快实现农产品由产量型向质量型、专用型和高附加值型、高回报率型发展；通过农村产业结构调整，加快发展农产品加工业和服务业，加速农村剩余劳动力向非农产业和城镇、城市转移，广泛合理地利用农业资源，促进农业内部结构的合理化和产业化的良性循环。

其次，积极发展农村二、三产业，尤其是乡镇企业中的农产品加工业。加快农产品加工业的发展，努力提高农产品的附加值，是调整农村产业结构的一个重大战略问题，也是农业发展的一大优势和潜力所在。今后，我们应该以发展工业的理念发展农业，积极发展民营企业、非公有制经济，按照多层次、多样化的原则，适应市场的不同需求，提高产品质量和档次。既要面向城市市场，又要注意满足农民要求；既要发展大规模的加工业，又要发展具有地方风味和特色产品的小企业，使农产品加工业真正成为推进建设社会主义新农村的主导产业之一。

最后，充分发挥区域比较优势，促进优势农产品的区域化、规模化发展。大力发展特色农业、生态农业，把优势农产品做大、做强，集中力量培植名优品牌，以增强农业产品的市场竞争能力，促进农业和农村经济的跨越式发展。

（2）积极推进城镇化建设。

积极推进城镇化建设，加快农村剩余劳动力多渠道转移，扩大农民就业和增收空间。多年的实践证明，把大量的农村剩余劳动力拴在土地上，农民难以富裕起来，社会主义新农村建设必须减少农民，要繁荣农村必须推进城镇化。因此，必须尽快打破城乡分割的二元格局，加快城镇化步伐，使更多的农村劳动力向非农产业、乡镇企业、小城镇和城市转移，逐步减少农民，增加农民的就业机会，增加农村人均资源占有量，实现工业与农业、城市与乡村发展的良性互动。一要加快推进城镇化进程，以县城和具有发展潜力的中心建制镇为重点，健全小城镇的居住服务、公共服务和社区服务功能，增强小城镇吸纳劳动力就业的能力，正确引导乡镇企业向城镇集聚、农村劳动力向城镇有序流动和到城镇就业，注重发挥小城镇带动经济发展的功能；二是以农产品加工、储藏、运输等农村服务业为重点，大力发展二、三产业，实现农民就地转移；三要组织农民进城务工经商，建立健全保障农民利益的法律法规体系，如防止拖欠工资，改善劳动环境，保障农工的身体健康和生命安全，取消所有歧视性和限制政策。在较长时间内，要竭尽全力搞好农村教育事业，一则要大力加强农村基础教育，使更多的农民子弟尽快通过高考升学实现高层次的转移；二则通过职业教育培养更多社会急需的合格的技工型人才，为实现农村劳动力第二层次转移创造良好的条件。

（3）加大对"三农"投入和服务。

加大对"三农"投入和服务，抓好农村基础设施建设，改善农村生产和生活条件。要求进一步巩固农村税费改革成果。不断加大农业投入，积极引导社会资金投向农田水利基本建设，重点加强病险、水库险、灌区改造和农村饮水安全建设，加强小流域综合治理，依法有偿合理有序开发水资源。大力实施"广播电视广播电视村村通"和"村村通电话"工程。抓好农村基础设施、整村推进项目建设，推进以特色农牧和龙头企业带动为主的产业化扶贫开发，改善贫困村群众基本生产和生活条件。全面整合农业、科技、教育等部门的培训资源，提高培训能力，加大服务力度，促进农村富余劳动力转移就业。

（4）健全完善农产品市场流通体系。

加快农村通信及信息设施建设，健全完善农产品市场流通体系，努力开拓农产品市场。加快农村通信及信息设施建设，特别是互联网的建设，通过互联网搜集现代农业科技和国内外农产品市场供求、价格变动趋势的信息，建立相应的预测预报系统，定期向农民发布相关的信息，真正使农民的农业生产与国内外的市场紧密联系起来，使农产品的生产更好地适应区内外市场的消费需要。鼓励龙头企业和营销大户拓展经营网络和销售空间。实施能人带动战略，加强农民经纪人队伍建设，培育各类专业合作组织和行业协会，提高农民组织化程度。强化农产品质量安全意识，切实加强动物防疫工作，整顿和规范农资市场，保障农业生产和农产品安全。

（5）走节能、环保、可持续发展道路。

建设社会主义新农村，必须把可持续发展放在十分突出的地位，坚持保护环境和保护资源的基本国策。要切实搞好退耕还林工作，加大林业综合开发力度，促进生态建设产业化，产业发展生态化。坚持实施可持续发展战略，正确处理经济发展同人口、资源、环境的关系，促进人与自然的协调与和谐。要坚持计划生育基本国策，进一步降低生育水平，提高人口素质。加强对资源的规划、管理、保护和合理利用，坚持资源合理开发与节约并重，增强资源对经济、社会可持续发展的保障能力。

（6）加强农村社会保障体制建设。

加强农村社会保障体制建设。一是尽快建立农村医疗保险、农村养老保险、农村最低生活保障等基本法规。这是建立农村社会保障制度的关键，功能就是稳定农村社会和经济、促进农村经济增长、缓和农村的各种社会矛盾，使农村社会保障工作能依法有序地进行，为农村人口提供医疗保险、养老保险和最低生活保障。二是多渠道筹措农村统筹基金及养老基金。切实改善农村居民生存状况，使城乡更加协调发展。三是对农村统筹基金及养老基金进行有效的监督、管理及使用。

（7）推进农村民主法制建设。

扩大基层民主，推进农村民主法制建设。一是加强党的领导，推进农村基层民主法制建设。二是狠抓农村普法教育，不断提高农民法律素质，培育农民的民主法制意识。充分利用骨干培训、新闻媒体、法律工作者以案说法等多种形式和途径广泛宣传，提高农民的法律素质，增强依法办事和参与村务管理和监督的能力。三是实行村民自治，规范建章立制。按照"依法建制，以制治村，民主管理，民主监督"的原则，让群众自我教育，干部自我约束。以村务大事民主决策制度为突破口，解决农村热点、难点问题，从而提高农民参与村务管理的积极性和主动性，全面行使法律法规赋予的民主权利，制定出切合实际、操作性强的工作规范。四是加强综合治理，维护农村社会稳定、经济发展。要加大对农村违法违纪案件的查处、打击力度。要齐抓共管，共创共建，动员全社会力量积极参与，搞好农村综合治理，维护农村社会、经济稳定。五是发挥村民自治组织的作用，强化村民自我管理、自我服务的功能。把阶段性集中整治与日常性管理结合起来，建立健全村规民约，开展各项积极向上的群众评比活动，激励先进，鞭策后进，促进新农村建设走上制度化、规范化的轨道。

（8）加强培训教育工作。

加强培训教育工作，提高农民的综合素质。"三农"问题的核心是提高农民素质。要进一步加大对农村教育工作的资金投入，对农民进行多方面的培训，一是面向市场为农民提供职业技能培训，使他们能够掌握新技术，了解新信息，增强致富发展的本领；二是法律知识培训，通过学习法律知识，真正达到学法、懂法、守法、用法，维护自己的合法权益不受侵害。

1.4 规划原则与方法

1.4.1 规划原则

（1）利用地理环境是前提。

在符合国家产业规划前提下，充分利用地形、地质、气候等地理环境条件，通过实现露天种植养殖来降低生产成本；通过利用区域地理位置优势来降低生产成本，充分利用地理环境是前提。

（2）发挥资源优势是关键。

在原材料富产区创建农牧业循环体，发挥当地的地理资源优势，通过减少流通运输和发挥地域资源优势来降低生产成本，发挥地理资源优势是关键。

（3）组合产业结构是核心。

上游下游产业衔接紧密，生产废弃物能够在整个产业链中进行废物利用，实现变废为宝，从而不会造成环境污染，科学组合循环产业链是核心。

（4）实现增收环保是根本。

利用产业循环中各个产业链路微弱利润的积累产生较高收益，既能体现社会的公平正义，又能增强人民群众的获得感，实现微利循环增收是根本。

1.4.2 规划方法

（1）农牧循环产业链须是微利行业

循环体经济是通过充分利用各个环节创造整个循环体价值，通过发挥地域经济优势，实现农牧循环体每个环节精打细算来降低成本，通过降低成本实现微利收入，每个环节的微利累积造就整体经济利润的制胜。

在市场经济条件下，某个行业在上个生产周期如果存在高利润，则必定会在下个生产周期内成为亏损行业。联产承包责任制给农业带来的最大自由度就是种植什么农作物是由农田承包者决定，这带来了农田种植的随机性，也造成了市场的风险性。从发展情况来看，从20世纪80年代最初期种植红果树、葡萄，90年代种植苹果、水蜜桃以及各种山区作物，再到现在各个地区大规模种植山核桃，这些都是根据市场规律来确定的。但是，由于市场预测不准确，造成了在农产品大规模推向市场时农作物价格大幅度下跌，从而造成了农民利益的极大损失。因此，在构建农牧循环经济体时，要充分考虑以下三个方面的因素：

首先，要充分发挥地域经济优势，在原材料地域收购大宗原材料，通过运输成本的降低来达到降低成本的目标。

其次，要充分依靠本地劳动力优势，通过地域经济劳动经验来吸引来调动本地广大劳动者的积极性，通过解决本地就业降低劳动成本。

最后，要充分考虑中国农村421家庭实际情况，把劳动者年龄结构因素和比例结构考虑进来。对于农民工不仅要解决工作问题，还要解决吃饭和住宿问题，才能调动工作积极性。

（2）产业链须受地域优势资源约束。

在全球化的市场竞争中，投资者对利润的追逐是没有止境的，如果没有约束，必然会造成无限扩大化，从而造成市场的恶化，最终还会损害生产者的利益，给农民造成巨大损失。根据系统动力学原理，如果没有约束条件，正反馈机制也会崩溃。在循环体经济中，如果整体利润足够大，则资本约束将不再成为约束，最终的约束还是土地面积、原材料成本以及劳动力造成的成本费用提升带来的约束，实际上这个严紧约束正是地域优势资源的约束，当优势资源成本提升到优势不在时，就达到了动态平衡。

（3）地域优势原材料、生态养殖和有机农业相互之间严格的约束。

地域优势资源用于支撑生态养殖所需要的原材料，这些地域优势原材料资源的数量约束了生态养殖的规模，生态养殖的规模约束了有机肥料的数量，从而约束了有机农业的规划。

这种约束是严紧约束机制，从而确定了不能过度扩大再生产，否则会造成两种后果：一是环境污染，不利于长远发展；二是损害市场调节，造成恶性竞争。

（4）生态循环体有资源约束和技术门槛。

没有资源约束会造成生态养殖规模无限扩大化，造成养殖产品鱼目混珠，达不到生态养殖标准。2012 ~ 2014 年，生猪养殖业规模过大，生猪价格最低时达到 11.2 元 / 千克。由于生猪养殖亏损严重，养殖规模严重收缩，到 2014 年底闲置养殖场规模达到 60%。这就造成了 2015 ~ 2016 年生猪价格迅速提升，达到 20.6 元 / 千克。生猪价格的暴涨暴跌就是由于生猪养殖资源无约束性造成的。由于养猪主要依靠市场购买，资金有多少就能开展多大的养殖规模，从而造成了市场的无序性。因此，循环体生态养殖产品的选择要有受地域优势原材料资源约束的限制，这种资源要受土地面积和地域经济的限制，从而实现对扩大规模的严紧约束。

另外，循环体生态养殖在地域优势资源约束下规模化还必须有技术门槛。当技术门槛较低时，同样会造成市场混乱。

（5）受地理条件约束且符合现代农业发展方向。

从国际形势来看，区域规模化是农业发展方向，规模化种植是国际趋势，因为未来农产品是面向全球市场。2016 年国家对玉米种植面积减少了 5 000 万亩，同年玉米失去国家保护价收购，玉米产品价格推向市场是必然趋势。因此，在规划循环经济体有机农作物品种时，要充分发扬地域优势，充分考虑国家规模化种植规划要求，选择适合规模化的农作物品种。这样就可以借助地域气候优势、技术优势、物流优势、劳动力优势和市场平台，在保证品质的前提下降低产品生产成本，从而增强有机农产品的市场竞争力。

另外，现代农业发展方向是智慧农业，农业智能化是发展方向。以物联网、移动互联网、云计算、大数据为代表的现代信息技术向传统农业的快速渗透，使得"智慧农业"应运而生，发展方兴未艾。智慧农业是物联网、传感器、智能控制、移动互联网、云计算、大数据等现代信息技术发展到一定阶段的产物，是现代信息技术与农业生产、经营、管理和服务全产业链的"生态融合"和"基因重组"。在传统模式无法解决农业面临的种种问题时，互联网却凭借其强大的流程再造能力，使农业获得了新的机会。通过互联网技术以及思想的应用，可以从生产、营销、销售等环节彻底升级传统的农业产业链，提高效率，改变产业结构，最终发展成为克服传统农业种种弊端的新型"智慧农业"。

2 微利生态循环园结构规划

首先建设项目要具有合理性，建设方案既要符合国家发展规划，又要符合当地发展规划，项目合理性要从产业政策符合性、项目规划合理性、选址合理性进行考虑，还要考虑当地的自然环境和社会环境因素。在符合规划的前提下，农业设施用地性质和环境保护特别重要。

2.1 地理环境

2.1.1 自然环境

2.1.1.1 地理位置

** 市位于 ** 省北部，太行山南麓，华北平原西部，毗邻山西省，由地级新乡市代管。北纬 35°17′～35°50′，东经113°23′～113°57′。地处豫晋两省之交，西与山西省陵川县交界，北同林州市及山西省壶关县相接，东靠卫辉市，南临获嘉县，东南与新乡市、新乡县毗连，西南与修武县相邻。市区北距北京市 600 千米，南距郑州市 80 千米，东南距新乡市 20 千米。

本项目位于 **** 镇孟村，场界四周为农田，项目交通便利，地理位置优越。

2.1.1.2 地形、地质、地貌

** 市境西部紧邻太行山脉，主峰九峰山十字岭海拔 1 732 米。市域总面积 2 007 平方千米，其中山地面积 1 007 平方千米，丘陵

216 平方千米，平原 784 平方千米。位于第二级地貌台阶向第三级地貌台阶的过渡地带，地势由西北而东南呈阶梯形下降，有深中山区、深低山区、丘陵区、盆地、山前倾斜平原、平原和洼地，最低洼地海拔 72 米。场区为平原地貌，工程地质较好，表土层较薄，区域内无断层、危岩、泥石流、岩崩、滑坡等特殊地质灾害现象，区域构造稳定，宜于修建构筑物，根据《中国地震烈度区划（1990）》的划分，场地地震基本烈度Ⅵ度。

2.1.2.3 气候、气象特征

**市境域处于太行山与华北平原结合部，为北亚热带向暖温带过渡区，属暖温带大陆性季风型气候。由于受山脉走向和海拔高度影响，季风作用较为明显，春季多风少雨，夏季多雨较热，秋季气候凉爽，冬季较冷少雪。境内分 4 个气候区：西北部中山温区，无霜期短，年均气温 12℃以下；南村盆地和浅山温和区，年均气温 12℃ ~ 14℃；山前丘陵温暖区，年均气温 15℃左右；平原温湿区，年均气温 14℃左右。据 1971 ~ 2000 年气象资料统计分析，1 月最冷，月均气温 -0.6℃；7 月最热，月均气温 27.1℃；极端最高气温 41.5℃，出现在 1992 年 7 月 2 日；极端最低温 -18.3℃，出现在 1990 年 1 月 31 日。年均无霜期 214 天，最长 239 天，最短 194 天。年均日照时数 2 020.1 小时，平均日照百分率 46%。5 ~ 8 月日照充足，日照时数最多的 5 月为 225.0 小时。年均降水量 589.1 毫米，7 月降水量多，月均降水量 182.3 毫米。年均相对湿度 68%，7 月、8 月分别为 79% 和 80%。

2.1.2.4 水文特征

**市属海河流域卫河水系，主要河流有淇河、百泉河、刘店干河、黄水河、石门河、峪河、纸坊沟河。南水北调中线工程从西至东贯穿全境。可供防洪、灌溉的中小型水库 19 座。汇宝泉、石门、陈家院、三郊口诸水库为一流的群库汇流总干渠，全长 86.5 千米，可视需水量而调度。

本项目周围无河流、湖库等自然地表水体。项目所在地中心标高 475.00 米，据水文站提供资料，均高于峪河历史最高洪水位 325.00 米，该项目不会受到洪水的威胁。

2.1.1.5 植被及生物多样性

项目所在地以粮食生产为主，种植稻谷、大豆、红薯、土豆，经济作物以油菜、棉花为主。区域内生物多样性程度低，植物群落以散布的杂草、杂树为主，动物种类主要为养殖户饲养的牛、羊、鸡、鸭、兔，另散布栖息有蛙、蛇、燕、鹰等有益的食物链动物。项目周围无珍稀野生动、植物种群存在。

2.1.2 社会环境

2.1.2.1 社会经济

2016 年，全市全年预计 GDP 完成 320 亿元，继续保持新乡市的龙头地位。按可比价计算，同比增长 6.5%，较前三季度增速回升 3 个百分点，稳中趋升的态势逐步显现。城乡居民收入稳步加快，双双保持两位数增长。2012 年，全市城镇居民人均可支配收入达到 19 062 元，同比增长 13.6%，增幅较前三季度加快 0.1 个百分点。在新乡各县（市）中，总量排列第二位，增幅排列第一位。全市农民人均纯收入达到 9 419 元，同比增长 15%。在新乡各县（市）中，总量排列第三位，增幅排列第一位。

辉县市市主要粮食作物有小麦、玉米、水稻、高粱、红薯、谷子等，主要经济作物有棉花、油料、麻类、药材、烟叶等，初步建成优质强筋小麦、绿色食品原料、瘦肉型牛、蛋鸡、波尔山羊、食用菌、无公害蔬菜等生产基地，是全国著名的小麦生产基地县（市），是农业部、财政部定点的全国瘦肉型牛生产基地和优质肉牛生产基地。

2012 年全市粮食作物播种面积达到 133.6 万亩，比 2011 年同期增加 2.8 万亩；全年粮食产量一举突破 5.5 亿千克，再创历史新高，比 2011 年同期增产 0.2 亿千克，同比增长 3.3%；粮食单产达到 209 千克，亩均比上年提高 5 千克。

平原地区素有"豫北粮仓"之称，是全国生牛调出大县和全省畜牧业发展重点县，是国家优质小麦生产基地、全国小麦良种繁育基地、全国粮食生产先进县、全国食用菌行业优秀基地县、全国无公害农产品标志推广与监管示范县和河南省畜牧业发展重点县，是全省无公害蔬菜生产基地、全省最大的食用菌单品种种植基地。

2012 年，规模以上工业生产与效益平稳回升，增加值总量超过 160 亿元。2012 年，纳入国家统计范围的 196 家规模以上工业企业累计实现增加值超过 160 亿元，达到 189 亿元，同比增长 7.5%，较前三季度增幅加快 5.7 个百分点。全年规模以上工业企业实现利润、利税分别达到 35.1 亿元和 50.6 亿元，分别较上年同期增长 7%和 3.2%，分别较前三季度增幅加快 7 个和 3.1 个百分点。

形成能源业、水泥建材业、装备制造业、纺织加工业、药品食品业等五大支柱产业，化工、医药等多业并举的工业体系。规模以上工业企业 192 家，亿元企业 66 家。辉县市市产业集聚区进入省规划盘子。宝钢、国网公司等世界 500 强企业，华电、双星、天冠、雨润、河南煤化工和金龙等国内 500 强企业落户辉县。

2012 年全市社会消费零售总额实现 75.1 亿元，同比继续保持 18%的速度增长。在新乡各县（市）中，总量和增幅均排列在首位。

2.1.2.2 交通及文化教育

1）交通

辉县是晋豫交通要道，"太行八陉"之一的峡河口（方言："窑河口"）位于辉县西北。

截至 2012 年，全市公路通车里程 143.2 千米，农村公路通车里程 2 007 千米。全年公路货运量 1 021 万吨，增长 9.8%；货物周转量 16.3 亿吨 / 千米，增长 14.6%。公路客运量 588 万人，增长 1.6%；旅客周转量 1.5 亿人 / 千米，增长 1.6%。

2012 年，全年交通运输、仓储和邮政业实现增加值 5.8 亿元，比 2011 年增长 17%；公路货运量 723 万吨，增长 5.3%；货物周转量 12.9 亿吨 / 千米，增长 28.7%。公路客运量 546 万人，增长 20%；旅客周转量 1.4 亿人 / 千米，增长 20%。

2）文化教育

截至目前，全市共有普通中学 45 所，招生 1.4 万人，在校生 4.3 万人，毕业生 1.4 万人，其中，高中招生 0.5 万人，在校生 1.3 万人，毕业生 0.4 万人。中等职业学校 3 所，招生数 0.2 万人，在校学生 0.7 万人，毕业生 0.3 万人。小学 166 所，招生 1.9 万人，在校生 8.1 万人，毕业生 0.8 万人。

辉县市是全国十佳教育改革先进县（市）、全国家教工作示范县（市）、全国农村学前教育推进工程试点县（市），以及河南省职教强县（市）、义务教育均衡发展示范县（市）、课程改革先进县（市）等。

"一城三区"规划，"一城"就是在城区规范高中、扩建初中、新建小学并配套建设幼儿园。"三区"就是在农村分三个区域建设教育文化中心，促进城乡教育均衡发展。川中教育文化中心规划占地 300 亩，投资 1.3 亿元，集高中、初中、小学、幼儿教育、教师培训、青少年校外活动等为一体，覆盖沙窑、南寨、西平罗、南村 4 个深山区乡镇，90 个行政村，近 10 万人；洪洲教育文化中心，依托第一职业中专，占地 1 300 亩，把职业学校和普通学校相交融，学校教育和社会教育相结合，除开展职业教育培训外，成立中小学生实践基地、拓展训练基地、干部培训基地等，一期规划"六个百亩"，即百亩广场、百亩林园、百亩农庄、百亩水园、百亩沙滩、百亩石滩；峪河教育文化中心正在规划设计，以更加灵活的形式推进素质教育。在此基础上，投资 400 万元，建成集视频会议、视频监控、网上观摩课堂教学为一体的教育信息资源中心，拉近了学校间的距离，实现了优质教育资源共享。

2.1.2.3 其他资源

辉县物产丰富，截至 2010 年，全市已查明大型煤井田 2 处、小型煤井田 3 处，远景资源量 14.7 亿吨。石灰岩分布面积广、厚度大、质优量大，估算资源量可达百亿吨以上。花岗石矿分布广、规模大、花色品种多、质量好、易于开采，资源量为 15 000 万立方米。矿泉水有南坪、白甘泉、杨庄 3 处，均为天然优质矿泉水。泥炭矿 3 处，其中中型矿床 1 处，储量 102 万吨，为省内目前探明的最大泥炭矿。黑色金属矿有山西式铁矿点 1 处，沉积变质铁矿 2 处。有色金属有铅锌矿点、铜矿点。冶金辅助原料矿有小型耐火黏土矿 1 处，储量为 136 万吨，还有白云岩矿、石英岩矿。化工原料有磷化矿点 1 处和钾长石矿点。特种非金属矿有水晶矿点 1 处、冰洲石矿点 1 处。此外，建筑用沙、砖瓦黏土、耐火黏土广泛开采。

2.1.2.4 薄壁镇概况

1958 年设薄壁公社，1983 年改乡，1988 年建镇。薄壁镇位于辉县市西部，距市区 25 千米。薄壁镇地处晋豫两省，辉县、修武、陵川三县交界处，全镇土地面积 197 平方千米，耕地面积 59 447 亩，人口 38 406 人，薄壁辖薄壁一街、薄壁二街、薄壁三街、薄壁四街、薄壁五街、薄壁六街、王村、龙云寺、白云寺、焦泉营、焦泉、振国、程焦泉、谷堆坡、大海乡、新安、张泉河、观流河、张志屯、南呈、大北呈、小北呈、孟村、洛营、马庄、何庄、圪针庄、东沈庄、西沈庄、沟湾、周庄、铁匠庄、平甸、潭头、西沟、宝泉、东寨 37 个行政村，以及 88 个自然村。

薄壁镇自然资源丰富，山区面积 10 万亩，药材种植、畜牧养殖、林果等资源开发潜力极大。砂石、煤炭、石英石、石灰石储量丰富，交通、通讯发达。省道辉焦公路穿镇而过，每天有通往西安、洛阳、焦作、安阳、郑州、北京的直达客车。全镇开通了自动电话，镇区及部分村开通了有线电视。

项目所在地周围无国家、省、市重点文物保护单位。

2.2 微利生态循环园建设合理性分析

2.2.1 产业政策符合性分析

通过收集玉米秸秆作为育肥肉牛青贮饲料，杜绝秸秆焚烧污染环境现象，再通过种植业，分解处理牛粪便尿液等，变废为宝支撑有机种植，形成循环经济体。根据国家发展和改革委员会第9号令，该项目规划不属于发布的《产业结构调整指导目录（2015年本）》限制类及淘汰类项目，该项目符合新乡市辉县市育肥肉牛业的发展要求，已通过辉县市发展和改革委员会批复同意进行登记备案，其登记备案的通知文号为：豫新辉县农业〔2016〕备15483号。

2.2.2 项目规划符合性分析

中央制定的《全国农业和农村经济发展第十三个五年规划（2016—2020年）》、《全国畜牧业发展第十三个五年规划（2016—2020年）》、国务院发布的《关于促进畜牧业持续健康发展的意见》（国发〔2016〕4号）均提出加快畜牧业发展步伐，保证畜产品有效供给，并提出"十三五"期间畜牧业发展的目标是：畜牧业生产结构进一步优化，自主创新能力进一步提高，科技实力和综合生产能力进一步增强，畜牧业科技进步贡献率由目前的50%上升到55%以上，畜牧业产值占农业总产值比例由目前的34%上升到38%以上；良种繁育、动物疫病防控、饲草饲料生产、畜产品质量安全、草原环境保护等体系进一步完善；规模化、标准化、产业化程度进一步提高，畜牧业生产初步实现向技术集约型、资源高效利用型、环境友好型转变。

河南省委、省政府制定的《关于实施我省农业和农村经济结构战略调整的意见》中也进一步明确了海南省农业的发展方向："加速农业产业化的进程，要从良种、高产、高效和深加工的方面全面推动农业产业化。"

本项目位于辉县薄壁镇孟村，根据辉县对规模养殖业的相关要求，该区域适于养殖业。孟村村民委员会和薄壁镇政府已出具证明，证明本项目的建设符合当地乡镇规划要求。

2.2.3 选址合理性分析

《畜禽养殖业污染防治技术规范》（HJ/T81—2001）中第3节对养殖场选址做出了如下要求：

首先，禁止在下列区域内建设畜禽养殖场：

（1）生活饮用水水源保护区、风景名胜区、自然保护区的核心区及缓冲区；

（2）城市和城镇居民区，包括文教科研区、医疗区、商业区、工业区、游览区等人口集中地区；

（3）县级人民政府依法划定的禁养区域；

（2）国家或地方法律、法规规定需特殊保护的其他区域。

其次，新建、改建、扩建的畜禽养殖场应避开规定的禁建区域，在禁建区域附近建设的，应设在规定的禁建区域常年主导风向的下风向或侧风向处，场界与禁建区域边界的最小距离不得小于500米。

项目总占地位于辉县薄壁镇孟村。场界四周500米内没有居民、学校等敏感点，选址不位于上述禁建区域范围内或禁建区域附近，项目所在地周围500米内没有居民住宅，无乡镇居民集中居住区，项目选址符合要求。

2.3 微利生态循环产业结构

2.3.1 微利生态循环模式

微利生态循环模式是依据生态学、生物学、经济学、系统工程学原理，以地理环境和土地资源为基础，以区域优势资源为纽带，按照合理的比例关系科学组合形成产业链，进行综合开发利用，使得产业链中各个产业的生产成本降低，通过生物转换技术，各个产业生产废弃物都能够在循环体产业链中进行废物利用，在同地块土地上将节能日光温室、沼气池、畜禽舍、蔬菜生产等有机地结合在一起，形成一个产气、积肥同步，农牧并举，能源、物流良性循环的能源生态系统工程。微利生态循环模式一是能充分利用秸秆资源，化害为利，变废为宝，是解决环境污染的最佳方式，并兼有提供能源与肥料，改善生态环境等综合效益，为促进高产高效的优质农业和无公害绿色食品生产开创了一条有效的途径；二是能利用各个产业链路微弱利润的产业循环积累产生较高收益，从而体现社会的公平正义，增强人民群众的获得感，具有广阔的发展前景。

2.3.2 微利生态循环产业结构

按照"充分利用地理环境是前提，发挥地理资源优势是关键，科学组合循环产业链是核心，实现微利循环增收是根本"产业结束规划方法，通过分析区域地理环境条件、国家产业规划、区域优势资源，确定微利生态循环产业结构规划是"玉米种植、育肥肉牛、蚯蚓养殖和有机蔬菜种植"。把育肥肉牛、蚯蚓养殖与有机蔬菜种植形成循环产业具有可行性，如图2-1所示。

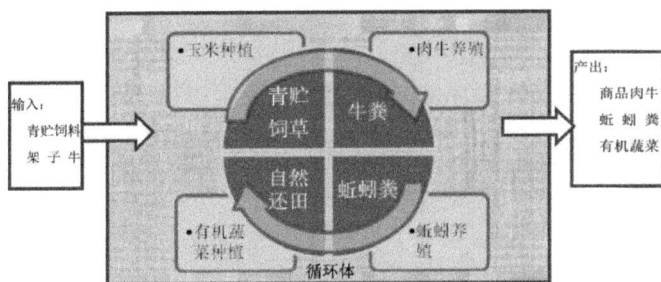

图2-1　产业链循环图

2.4 微利生态循环产业结构规划

2.4.1 育肥肉牛

根据本章 2.1 节从自然环境和社会环境情况分析本地产业结构，该地区冬夏季农作物种植以小麦、油菜和大棚蘑菇为主，秋季农作物种植以玉米、花生和棉花为主，主要农作物是小麦和玉米。小麦秸秆主要用于造纸，玉米秸秆主要用于家禽养殖业，玉米蕊用于大棚蘑菇种植。

该地区规模化养殖产业主要有：养猪、育肥肉牛、奶牛养殖、养鸡和养羊。

猪和鸡的主要饲料是粮食，受地域优势资源约束的较少，地域优势原材料、生态养殖和有机农业相互之间不存在严格的约束，通过市场购置能实现大规模化，循环体容易被打破，因此不适合作为循环体产业链之一。

近年来奶牛养殖业受国际影响非常大，由于国外（如地广人稀的澳大利亚）以草养牛为主，生产成本低，每吨奶的进口价格是 22 000 元，而国内谷养奶牛的生产成本是 35 000 元 / 吨，如果离开奶牛养殖补贴 10 000 元 / 头则生存困难。虽然欧洲国家特别是北欧国家奶牛养殖也主要靠国家补贴而生存，但草养牛产的奶质量优于谷养牛产的奶，在走向国际竞争的今天，质量制胜是根本，成本高质量低的产业淘汰是国际趋势。因此，奶牛养殖也不适合作为该地域循环体中的循环产业之一。

育肥肉牛和养羊均适合作为循环体产业之一，在规模化要求的前提下，育肥肉牛和养羊相比较而言，育肥肉牛优势更明显。理由如下：

第一，该地区主要夏秋农作物以玉米为主，种植比例超过 75%，地域优势资源是玉米秸秆，该资源适合育肥肉牛，该地区虽然也生产花生秸秆，但花生种植明显少于玉米种植面积，地域优势不如玉米秸秆明显，因此养牛比养羊地域优势明显。

第二，育肥肉牛饲草消耗量大，每头牛年耗青贮饲料 5 ~ 7 吨，如果远距离运输则会造成每头牛 2 000 ~ 3 000 元的成本价格提升，对于微利行业来讲，这种价格差异是经济效益的主要来源，因此育肥肉牛只适合依托周边地域优势地区资源来支撑。

第三，育肥肉牛受地域优势资源约束明显，受地域优势原材料资源种植土地面积，田间通行能力和劳动者的积极性因素影响，不会根据投入资金数量而无限扩大生产规模，不会造成循环经济体的崩溃，从而能维持良性循环机制。

第四，奶牛养殖行业的逐步退出，育肥肉牛发展空间更加广阔。一是降低青贮饲料收购价格，二是有更多的经验丰富的养牛员工。

第五，从全球形势来看，中国肉牛存栏约 9 000 万头，每年肉牛出栏约 3 000 万头，排在美国与印度之后，位居世界第三。澳大利亚肉牛存栏约 3 000 万头，牛肉生产约 1 000 万头，排在世界第七位，牛肉出口排名世界第一。与投入资金相比，气候原因对肉牛出栏量影响更大。因此，全球的育肥肉牛数量一直比较稳定，肉牛价格变动比较小。

2.4.2 蚯蚓养殖

一是该地区地理气候环境适合蚯蚓养殖，露天堆肥养殖成本低，从而使得产业具有竞争力；二是蚯蚓养殖能妥善处理牛粪等排泄物，蚯蚓粪颗粒均匀、无味卫生，保护环境；三是蚯蚓投资小，易养殖；四是绿色农产品巨大的消费需求空间，给蚯蚓粪生物肥产品的生产和应用创造了更广阔的市场。

2.4.3 有机蔬菜种植

选择温控大棚有机蔬菜种植理由如下：

第一，生态养殖产生的有机肥料是牛粪和冲洗尿液，通过高温杀菌和深加工，可以生产出适合大棚蘑菇种植和大棚蔬菜种植的肥料。

第二，该地区是国家规划的蘑菇种植基地，具备规模化种植条件，通过发挥地域经济优势，实现蘑菇种植的每个环节精打细算来降低成本，通过利用地域优势如规模化种植规划和交易平台等手段，减少种植、交易、流通等各个环节来增加经济效益。

第三，发展有机农业的目的是为了环境保护，通过智控大棚种植业来消化生态养殖过程中产生的有机肥料。因此，有机农业发展规模受生态养殖业规模制约，且是严格约束。

第四，发展有机大棚新鲜蔬菜种植，在冬春季架子牛购置物流过程中，将新鲜蔬菜与东北部地区架子物流形成闭环链路，是对循环体产业流通的一种完善措施。

2.4.4 综合信息服务

2.4.4.1 创建豫北牲畜交易中心

发展牲畜交易中心是历史继承的需要：历史上 ** 地区原来存在一个牲畜交易中心，20 世纪 80 年代以来由于种植农业的发展需要，限制了畜牧业发展，畜牧交易中心也逐渐消失了。然而随着农牧循环体经济的发展，迫切需要创建豫北牲畜交易中心。

发展牲畜交易市场是地域经济发展需要：豫北平原地区是适合牲畜养殖的地域，** 周围的四个交易市场，距离河北张北 750 千米；距离山西忻州 500 千米；距离山东嘉祥 400 千米。豫北平原地区缺少牲畜交易市场，发展牲畜交易市场是地域经济发展需要。

2.4.4.2 创建豫北育肥肉牛电子商务平台

在豫北畜牧交易市场的基础上，发展基于互联网、移动互联网和 ITV 的电子商务平台，通过虚拟现实技术（VR）和增强现实技术（AR），通过三维扫描技术将架子牛或商品肉牛的三维数据实时更新，可以在网上调取每头牛的体况、质量等信息，也可以通过远程监控系统随时观看肉牛的生长情况，从而增强远程交易的真实感，克服传统肉牛交易的盲目性。

2.4.4.3 创建有机产品电子商务平台

通过物联网的远程监控可以实时监控有机农产品的生长过程，也可以调取历史数据查看每个阶段的生长状况，确保农作物生长周期内不施化肥、不使用农药及各类生物激素，确保农作物是无公害的有机产品，也可能通过智慧控制系统调取生长环境数据（如土壤、水质等），确保有机种植环境，从而确保企业的信誉，增强消费者信心。

综上所述，农牧循环体总体规划如图 2-2 所示。

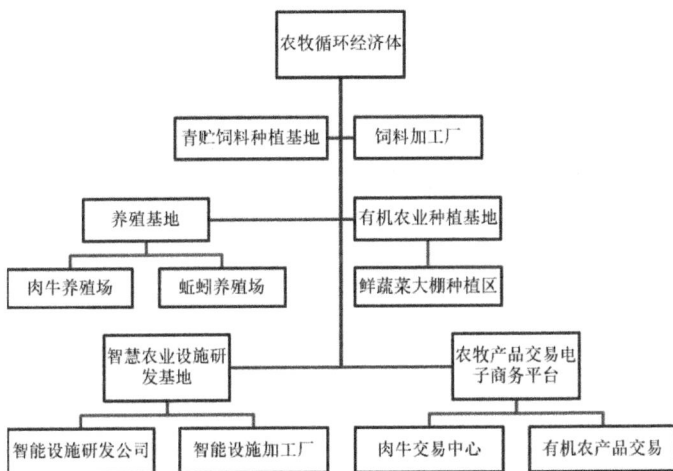

图 2-2　农牧循环体结构规划图

3　微利生态循环园规模规划

要建立合理的微利生态循环园，首先建设项目要具有合理性，建设方案既要符合国家发展规划，又要符合当地发展规划，项目合理性要从产业政策符合性、项目规划合理性、选址合理性进行考虑，还要考虑当地的自然环境和社会环境因素。在符合规划的前提下，土地的性质和环境保护就显得特别重要。

3.1　约束生态园规模的因素分析

3.1.1　生态园规模约束条件

3.1.1.1　当地优势资源

创建微利生态循环园是充分利用当地生产原料来降低生产成本，其发展规模受当地优势资源的约束。

3.1.1.2　环境保护

经济发展不能以污染环境为代价，生态循环的目的就是保护环境。因此，经营规模必须在环境保护框架下进行。

3.1.1.3　人力资源

在我国人口红利逐步减弱的情况下，产业发展规模逐渐受限于人力资源。

3.1.1.4　技术与资金

技术是制约产业发展的重要因素，种植与养殖作为传统产业在信息时代已经逐步共享，已经不是主要因素；发展规模也受限于资金限制。

3.1.1.5 地理环境

地形、地质、地貌、气候、气象特征、水文特征、社会经济、交通、文化教育以及矿产资源等地理环境因素对生态园区的建设规模具有约束作用。

当地优势资源和环境保护是约束产业发展的最主要因素，在规模规划中应重点考虑。

3.1.2 规模越大越好是误区

当前国家的政策是鼓励适度规模经营，但不是规模越大越好。

3.1.2.1 规模经营不等于更经济、更高效益

首先，规模化是有成本的，规模太小不经济，规模太大同样也不经济。如果要规模经营并保证收益，则必须加强农田水利设施，投入大型农业机械，应用最新农业科技，加强经营管理，注重市场开拓，这些都是有成本的。

其次，规模化有一定的限度，在一定范围内随着经营规模的扩大，效益是增加的，超过一定限度则效益是递减的。据测算，家庭农场达到 6 ~ 15 公顷（90 ~ 225 亩）是比较经济的，能让农业机械效用得到良好发挥，如果超过这个限度则投入过多反而不经济。同样，对一个规模经营的企业而言，也是有规模限度的，必须综合考虑经营者的能力、资本的投入、管理方式的创新、机械化的充分运用、科技的应用等方面，否则将难以达到设想的生产效率和经营效益。

最后，规模经营还必须与生态承载能力和社会接受能力相匹配。比如，生猪养殖，单体养殖场上万头，粪便污水处理是个大问题，不得不配套建有机肥厂，搞沼气发电，配套生物发酵池，成本明显提升，更不要说会受到周边农民的反对。

3.1.1.2 规模经营不代表能抵御风险

首先，规模与风险之间并没有必然的反向关系。规模大能增强抵抗风险的能力，不是因为规模自身，而是因为规模可以提升市场谈判能力，也因为做大规模的同时必须加强基础设施建设和配套保护措施，增强抗灾能力。比如，小麦出现病虫害，一家一户防治，费时费力，效益也不明显；但规模经营集中防治，成本下降，节省开支增收效果明显。

其次，在市场形势不好的情况下，规模经营并不能抵御市场风险，反而会呈现风险聚集效应。比如玉米价跌，规模大了亏损肯定多，这是毫无疑问的。

最后，随着经营规模的扩大，经营决策的风险也会同步扩大。农民自给自足经济虽不成规模无法形成商品经济，但其实对个体农户来说，在经营决策上最稳妥。因为个体农户过着"既有粮，又有菜，前院有鸡，后面有猪"的生活，轻易不会遭遇全部市场不好的情况的，收益总体还是有保障的。而规模经营则不同，市场的任何波动都会对经营产生重要影响，一旦决策出现失误，那损失就不是一点了。所以，规模经营也必然会对经营能力提出更高的要求。从某种程度上讲，规模经营的核心是规模能力建设而不是规模扩张本身。

3.1.1.3 规模经营不等于更好发展

首先，发展产业是本，争取政府支持是末。有政府的资金项目发展起来很顺手，但没有自己还得发展；如果为了政府补贴而去搞项目，是完全颠倒的状态，一旦政府相关支持没有兑现或者兑现不到位，往往会陷入进退维谷的境地。

其次，随着规模的扩大，还会出现新的发展难题，这就是如何处理与农民的关系。因为地是从农民手里流转来的，大规模经营一定会牵涉到许多农民的地，有的愿意流转，有的不愿意流转，规模经营又要求集中连片，便免不了动用基层政府力量动员农民征收土地，一些不愿意的农民肯定是要反对甚至采取一些极端措施影响正常的经营生产，后续的矛盾纠纷处理也很让人头疼。

3.2 青贮饲料收购量

育肥肉牛规模和有机农业规模是农牧循环产业园区规模规划的核心，青贮饲料规模决定育肥肉牛场建设规模。

3.2.1 青贮饲料收购量的影响因素

青贮饲料的存贮量和资金投入决定育肥肉牛规模，育肥肉牛规模决定了有机肥料的产量，有机肥料的产量决定了有机农业规模。青贮饲料的存贮量取决于玉米种植规模、农民运送的积极性、青贮饲料的收购价格、收购青贮饲料的时间、田间道路的通行能力、青贮饲料运输距离、收购季节的天气状况等因素。农民运送的积极性受青贮饲料的收购价格、田间道路的通行能力、青贮饲料运输距离、收购季节的天气状况等因素影响；青贮饲料的收购价格受玉米种植规模、收购青贮饲料的时间、田间道路的通行能力、青贮饲料运输距离和收购季节的天气状况等因素影响。在这些影响因素中，确定因素是玉米种植规模、收购青贮饲料的时间、田间道路的通行能力、青贮饲料运输距离，风险因素是青贮饲料的收购价格和收购季节的天气状况。

因此，在开展园区规模规划前，需要先对确定因素是玉米种植规模、收购青贮饲料的时间、田间道路的通行能力、青贮饲料运输距离等开展基础数据调查。

开展基础数据调查的目的是获得青贮饲料收购的规模，影响青贮饲料收购规模的因素有：青贮种植规模、收购青贮饲料的时间、田间道路的通行能力、青贮饲料运输距离、青贮饲料加工能力等因素，影响青贮饲料收购的未定因素是收购价格（直接影响农民运送的积极性）、收购宣传的力度、秸秆返田的规模等。

3.2.2 基础数据调查

在规划时运用风险决策方法进行决策需要考虑风险因素，开展好基础数据调查是进行决策规划的基础工作。

3.2.2.1 青贮饲料收购时间（Corn Forage Purchase Time，缩写 CFPT）

根据历史数据显示，该地区玉米成熟的季节是每年的中秋节前 10 天至国庆节前后，每年的收购时间约有 20 天。影响 CFPT 因素有天气原因、季节原因等，比如在收割季节出现阴雨天气，则 CFPT 会出现相应的变化。2016 年的收购时间是 9 月 4 日至 9 月 25 日，因此青贮饲料收购时间可以看作一个常数，例如 CFPT（2016）=25。

3.2.2.2 青贮饲料种植面积（Corn Field Plan Area，缩写 CFPA）

青贮饲料种植面积指的是在本地区玉米种植的面积，理论上青贮饲料种植面积取值范围是 CFPA ∈ [0，∞），但实际上是指能用于收购的青贮饲料种植面积。

在实际收购过程中，青贮饲料种植范围受运输成本的限制而有一个取值范围。青贮饲料种植面积受运输范围影响，运输范围受收购价格影响，收购价格受养殖利润影响。长距离原材料运输不符合微利发展方向，另外农用运输车辆主要是三轮车，考虑到农用运输车的运行范围，界定在一定的区域既是循环经济体发展要求，也是农用三轮车行驶范围要求。通过 2013 ~ 2016 年峪河奶牛养殖场收购情况调研，3 ~ 5 千米是农用三轮车运送的范围。因此，青贮饲料运输距离（Corn Field Transport Distance，缩写 CFTD）可以认定一个大概范围 CFTD ∈（0，4）。

以养殖场为中心，东西方向地物影响不大，可以取 4 000 米，南边由于受峪河影响，北边受镇政府驻地影响，取 3 500 米合适。

调取近几年卫星遥感图像（以 2016 年 6 月小麦收割之后玉米种植面积为例，如图 3-1 所示），计算玉米种植面积比例取平均值。

图 3-1 卫星遥感图所示，东西长 8 538.14 米，南北宽 7 318.97米，面积为 62.49 平方千米。通过对遥感图片统计分析，玉米种植面积占 49.8%，其他作物种植面积占 10.2%，居民地及其他人工建筑占面积 28.4%，道路占 0.6%。

通过统计，图 3-1 中玉米种植规模是 44 775 亩。每亩农田约生产 1 300 千克的青贮饲料，因此青贮饲料的收购量范围是 CFPA ∈（0，58 208）吨。

图 3-1　2016 年 6 月农作物种植遥感图

3.2.2.3 青贮饲料收购

创建农牧循环体的核心要素是地区优势资源，育肥肉牛的最主要资源是青贮饲料，青贮饲料的库存量决定育肥肉牛规模。影响青贮饲料库存量的主要因素有收购价格、青贮饲料加工能力、田间道路运输能力以及农民运送秸秆的积极性等。通过对 2007 ～ 2016年该地区几个大型育肥肉牛场青贮饲料收购数量与收购价格调查分析，取平均值后结果如表 3-1 所示。

表 3-1　青贮饲料收购量调查表

年份	2007	2008	2009	2010	2011	2012	2013	2014	2015	2016
价格 /（元/吨）	80	80	90	90	100	110	120	150	150	150
数量 / 万吨	1.8	1.8	1.85	1.8	1.9	2.0	2.0	1.7	1.3	0.4

通过表 3-1 对近 10 年来青贮饲料收购情况调查分析，可以确定玉米秸秆青贮饲料最大收购数量是 2.0 万吨，按每亩生产 1.3 吨玉米秸秆计算，大约收购了 1.538 万亩玉米秸秆，从而可以确定农民运送距离是 3 ~ 4 千米。收购价格对收购数量有一定影响，但主要的影响因素还是农民运送秸秆的积极性。近年来运送秸秆的积极性没有随着价格的提升而增加。主要原因有以下几个：①受秸秆还田的影响；②受近三年多雨天气影响；③吃苦精神降低。随着秸秆还田耕作模式的影响，收购青贮饲料存在困难，在青贮饲料不足的情况下，采用酒糟喂养模式，酒糟的成本是每吨 200 元，养殖成本每头提高 500 ~ 700 元。采用玉米秸秆喂养的利润是 1 200 ~ 1 500 元 / 头，采用酒糟喂养的利润是 600 ~ 800 元，对于微利行业（经济效益计算见后面章节），成本下降就不具备养殖前景。

3.2.3　t_0 ~ 循环策略存贮模型

3.2.3.1　需求

由于需求，从存贮中取出一定的数量，使存贮量减少，这就是存贮的输出。对育肥肉牛来说，每头牛的需求是确定的，育肥肉牛数量是确定的，因此，育肥肉牛的存贮需求是确定的、连续均匀的。如图 3-2 所示，t 时间内的输出量为 S ~ W。

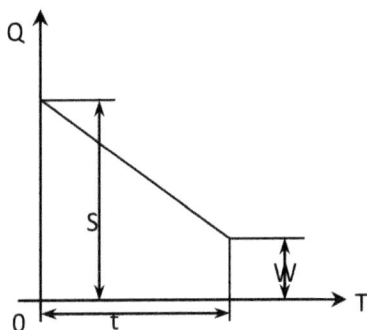

S 表示一次订货量；W 表示存贮量；t 表示订货时间间隔。

图 3-2 确定型连续型均匀需求

3.2.3.2 补充

存贮由于需求增多而不断减少，必须加以补充，否则将无法满足需求。补充就是存贮的输入。存贮论要解决的问题是多长时间补充一次，每次补充的数量应该是多少。决定多长时间补充一次以及每次补充数量的策略称为存贮策略。

3.2.3.3 费用

青贮饲料存贮主要包括下列一些费用：

（1）存贮费：青贮饲料占用资金应付的利息以及使用仓库、保管货物、货物损坏变质等支出的费用。

（2）订货费：采购青贮饲料的成本费。青贮饲料单价为 K 元，收购数量为 Q 吨，订购费用为 C_3 元，则订货费用为：$C_3 + KQ$。

（3）生产费：补充存贮时，产生的加工费、材料费等。

（4）缺货费：当存贮供不应求时所引起的损失。育肥肉牛是不允许缺货的情况发生，在费用处理上的方式是缺货费为无穷大。

3.2.3.4 存贮策略

决策何时补充，补充多少数量的办法称为"存贮策略"。常见的存贮策略为 t_0 ~ 循环策略、（s，S）策略、（t，s，S）混合策略三种类型。

青贮饲料是每年补充一次，每次补充量为 Q，属于 t_0 ~ 循环策略。

3.2.3.5 存贮模型

不允许缺货，生产需要一定时间。

基本假设：a. 缺货费用无穷大；b. 当存贮降至零时，生产需要一定的时间；c. 需求是连续的、均匀的，设需求速度 R（单位时间的需求量）为常数，则 t 时间的需求量是 R_t；d. 每次订货量不变，订货费用不变；e. 单位存贮费不变。

设生产指为 Q，所需生产时间为 T，则生产速度为 P=Q/T。已知需求速度为 R，（R<P）。生产的产品一部分满足需求，剩余部分才作为存贮，这时存贮变化如图 3-3 所示。

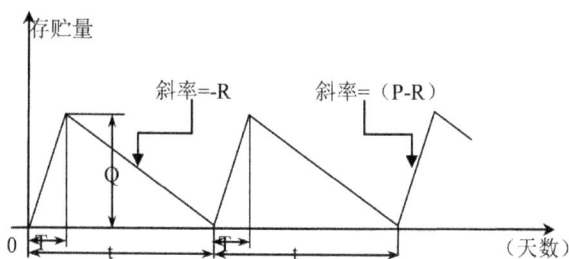

图 3-3　确定型连续型均匀需求

在 [0, T] 区间内，存贮以（P ~ R）速度增加，在 [T, t] 区间内存贮以速度 R 减少。T 与 t 皆为待定数。显然（P-R）T=R（t-T），即 PT=Rt，可以求出 T= Rt/P。

t 时间内平均存贮量为：

$$\frac{1}{2}(P\text{-}R)T \qquad\qquad （3\text{-}1）$$

t 时间内所需存贮费为：

$$\frac{1}{2}C_1(P-R)Tt \qquad\qquad （3\text{-}2）$$

t 时间内所需装配费为：C_3

单位时间内总费用（平均费用）：

$$C(t) = \frac{1}{t}\left[\frac{1}{2}C_1(P-R)Tt + C_3\right] \qquad (3-3)$$

3.3 基于资源约束的育肥肉牛规模

在地理资源约束和市场经济调整共同作用下，我国形成了育肥肉牛的"北部繁殖、中部养殖、南部销售"的格局。河南省辉县市农牧产业园位于豫北平原，该地区地理优势资源的玉米秸秆，是育肥肉牛的优势资源。通过就地取材，发展育肥肉牛既符合国家区域规划，也符合市场规律。为了提高经济收入，扩大育肥肉牛规模是较好的途径。

但是，育肥肉牛规模既受到投入资金规模的约束，也受到青贮饲料资源数量的约束；养殖产生的粪便和尿液也会对环境造成污染，通过合理利用有机肥发展有机农业种植，可以解决粪便环境污染问题，有机农业规模与育肥肉牛规模也形成相互约束机制。通过对青贮饲料开展基础数据调查，针对十年来各种情况分析，采取到农田收割和收购农民运送两种方法，养殖场可以收购到 2 万吨。

3.3.1 育肥肉牛策略

架子牛采购策略有 250 千克以下、325 千克以上和 380 千克以上三种策略。

3.3.1.1 策略一：采购 250 千克以下架子牛

购 250 千克架子牛，育肥 10 个月出栏，架子牛育肥精饲料消耗量如表 3-2 所示，青贮饲料消耗量如表 3-3 所示，250 千克架子牛 580 千克出栏成本如表 3-4 所示。

表 3-2 育肥肉牛所需精饲料量

月初体重 / 千克	月末体重 / 千克	日增重量 / 千克	日需精料量 / 千克	料与体重比	合计精料量 / 千克
250	275	0.83	2.4	0.90	71
275	300	0.83	2.6	0.90	78
300	325	0.83	2.8	0.90	84
325	350	0.83	3.0	0.90	91
350	380	1.00	3.3	0.90	99
380	420	1.33	4.0	1.00	120
420	460	1.33	4.4	1.00	132
460	495	1.17	5.7	1.20	172
495	530	1.17	6.2	1.20	185
530	580	1.67	6.7	1.20	200
合计					1 231

表 3-3 育肥肉牛所需青贮饲料量

月初体重 / 千克	月末体重 / 千克	日增重量 / 千克	日需青贮饲料量 / 千克	料与体重比	合计青贮饲料量 / 千克
250	275	0.83	15.0	5.714	450
275	300	0.83	16.5	5.739	495
300	325	0.83	19.0	6.080	570
325	350	0.83	20.0	5.926	600
350	380	1.00	21.0	5.753	630
380	420	1.33	22.0	5.500	660
420	460	1.33	23.0	5.227	690
460	495	1.17	24.0	5.026	720
495	530	1.17	25.0	4.878	750
530	580	1.67	25.0	4.505	750
合计					6 315

表 3-4　250 千克架子牛育肥 10 个月 580 千克出栏成本

	单价 /（元 / 千克）	质量 / 千克	金额 / 元
架子牛	31.6	250	7 900.00
精料	2.16	1 231	2 658.96
青贮饲料	0.1	6 315	631.50
人工成本	340 元 / 头		340.00
成本合计			11 530.46

3.3.1.2　策略二：采购 325 千克以上架子牛

购 325 千克架子牛，育肥 7 个月出栏。架子牛育肥精饲料消耗量如表 3-5 所示，青贮饲料消耗量如表 3-6 所示，325 千克架子牛 580 千克出栏成本如表 3-7 所示。

表 3-5　育肥肉牛所需精饲料量

月初体重 / 千克	月末体重 / 千克	日增重量 / 千克	日需精料量 / 千克	料与体重比	合计精料量 / 千克
325	350	0.83	3.0	0.90	91
350	380	1.00	3.3	0.90	99
380	420	1.33	4.0	1.00	120
420	460	1.33	4.4	1.00	132
460	495	1.17	5.7	1.20	172
495	530	1.17	6.2	1.20	185
530	580	1.67	6.7	1.20	200
合计					998

表 3-6　育肥肉牛所需青贮饲料量

月初体重 / 千克	月末体重 / 千克	日增重量 / 千克	日需青贮饲料量 / 千克	料与体重比	合计饲草量 / 千克
325	350	0.83	20.0	5.926	600

续表

月初体重 / 千克	月末体重 / 千克	日增重量 / 千克	日需青贮铜料量 / 千克	料与体重比	合计饲草量 / 千克
350	380	1.00	21.0	5.753	630
380	420	1.33	22.0	5.500	660
420	460	1.33	23.0	5.227	690
460	495	1.17	24.0	5.026	720
495	530	1.17	25.0	4.878	750
530	580	1.67	25.0	4.505	750
合计					4 800

表 3-7　325 千克架子牛育肥 7 个月 580 千克出栏成本

	单价 /（元 / 千克）	重量 / 千克	金额 / 元
架子牛	28	325	9 100.00
精料	2.16	998	2 155.68
青贮饲料	0.1	4 800	480.00
人工成本	265 元 / 头		265.00
成本合计			12 000.68

3.3.1.3 策略三：采购 380 千克以上架子牛

购 380 千克架子牛，育肥 5 个月出栏。架子牛育肥精饲料消耗量如表 3-8 所示，青贮饲料消耗量如表 3-9 所示，380 千克架子牛 580 千克出栏成本如表 3-10 所示。

表 3-8　育肥肉牛所需精饲料量

月初体重 / 千克	月末体重 / 千克	日增重量 / 千克	日需精料量 / 千克	料与体重比	合计精料量 / 千克
380	420	1.33	4.0	1.00	120
420	460	1.33	4.4	1.00	132

月初体重 /千克	月末体重 /千克	日增重量 /千克	日需精料量 /千克	料与体重比	合计精料量 /千克
460	495	1.17	5.7	1.20	172
495	530	1.17	6.2	1.20	185
530	580	1.67	6.7	1.20	200
合计					809

表 3-9　育肥肉牛所需青贮饲料量

月初体重 /千克	月末体重 /千克	日增重量 /千克	日需青贮料量 /千克	料与体重比	合计精料量 /千克
380	420	1.33	22.0	5.500	660
420	460	1.33	23.0	5.227	690
460	495	1.17	24.0	5.026	720
495	530	1.17	25.0	4.878	750
530	580	1.67	25.0	4.505	750
合计					3 570

表 3-10　380 千克架子牛育肥 5 个月 580 千克出栏成本

	单价 /（元 / 千克）	重量 / 千克	金额 / 元
架子牛	26	380	9 880.00
精料	2.16	809	1 747.44
青贮饲料	0.1	3 570	357.00
人工成本	215 元 / 头		215.00
成本合计			12 199.44

3.3.2 育肥肉牛决策

3.3.2.1 正常状态下育肥肉牛决策

当肉牛以 6 元 / 千克的价格销售时，每头肉牛销售价格是

13 920 元。

决策一：250 千克架子牛育肥 10 个月 580 千克出栏成本是 11 530 元，利润是 2 390 元；

决策二：325 千克架子牛育肥 7 个月 580 千克出栏成本是 12 000 元，利润是 1 920 元；

决策三：380 千克架子牛育肥 5 个月 580 千克出栏成本是 12 199 元，利润是 1 721 元。

按月计算利润进行计算如下：

决策一：250 千克架子牛育肥 10 个月 580 千克出栏的利润是 239 元 / 月；

决策二：325 千克架子牛育肥 7 个月 580 千克出栏的利润是 274 元 / 月；

决策三：380 千克架子牛育肥 5 个月 580 千克出栏的利润是 344 元 / 月。

按照正常状态，购置 380 千克架子牛育肥 5 个月 580 千克出栏，该决策为优先方案。

3.3.2.2 考虑肥育季节状态下育肥肉牛决策

一般以春、秋季节肥育效果好，此时气候温和，蚊蝇少，适宜肉牛的生长，牛的采食量大、生长快。育肥季节最好错过夏季，因为此时天气炎热，食欲下降，不利于牛的增重；冬季由于气温低，牛体用于维持需要的热量多，增重减慢，饲料消耗多，饲料报酬低，提高了饲养成本；为避免在夏、冬季肥育肉牛，可调节架子牛采购季节，进行季节性育肥。

季节性育肥决策：选择 12 月份采购架子牛育肥 5 个月，6 月初出栏，8 月底采购架子牛育肥 5 个月，次年 2 月初出栏。

季节性育肥决策避开 7、8 月高温影响和 1、2 月低温影响，同时避开春节期间养殖员工的春节过年的影响因素。

3.3.2.3 考虑架子牛购置价格和肉牛销售价格因素的育肥肉牛决策

架子牛采购价格一般在 2 月份最高，9 ~ 11 月份降至最低，应当避开 2 月进架子牛；肉牛销售价格一般在 2 月前后价格最高，9 ~ 10 月份价格最低，应当避开在 9 月份肉牛出栏。

考虑采购与销售因素育肥决策一：在 8 月底购入 325 千克的架子牛，育肥 7 个月在次年 3 月之前出栏，此时通过降低架子牛采购价格，提高商品肉牛销售价格，利润计算如表 3-11。

表 3-11   325 千克架子牛育肥 7 个月 580 千克出栏成本

	单价 /（元 / 千克）	重量 / 千克	金额 / 元
架子牛	27	325	8 775.00
精料	2.16	998	2 155.68
青贮饲料	0.1	4 800	480.00
人工成本	265 元 / 头		265.00
成本合计			11 675.68
销售价格	25	580	14 500.00
7 个月养殖利润			2 824.32
月平均利润			403.47

考虑采购与销售因素育肥决策二：在 9 月份购入 250 千克的架子牛，育肥 10 个月在次年 6 月出栏，此时通过降低架子牛采购价格，提高商品肉牛销售价格，利润计算如表 3-12。

表 3-12   250 千克架子牛育肥 10 个月 580 千克出栏成本

	单价 /（元 / 千克）	重量 / 千克	金额 / 元
架子牛	30.0	250	7 500.00
精料	2.16	1 231	2 658.96

	单价 /（元 / 千克）	重量 / 千克	金额 / 元
青贮饲料	0.1	6 315	631.50
人工成本	340 元 / 头		340.00
成本合计			11 130.46
销售价格	25	580	14 500.00
10 个月养殖利润			3 370.32
月平均利润			337.32

3.3.2.4 考虑资源环境约束的育肥肉牛决策

在实际工作中混合决策养殖模式比较普遍。在正常情况下，育肥肉牛影响因素较多，架子牛市场价格因素、青贮饲料资源约束因素、商品肉牛销售因素、养殖工人的全周期工作因素等都对育肥肉牛决策产生影响。在形成规模养殖和产品品牌之前，混合养殖策略在采购架子牛和销售商品肉牛是最主要的影响因素。在形成养殖规模和形成产品品牌之后，能够影响架子牛购置价格和商品肉牛销售价格，从而克服了采购架子牛和销售商品肉牛影响因素，降低生产性成本就成为主要影响因素。

3.3.3 育肥肉牛规模

3.3.3.1 初期养殖

在形成规模养殖和产品品牌之前，混合养殖策略在采购架子牛和销售商品肉牛是最主要的影响因素。采取在 9 月购入 250 千克的架子牛，避开夏天养殖影响，育肥 10 个月在次年 5 ~ 6 月出栏的策略。青贮饲料消耗量是 6.3 吨 / 头，按 3.2 节基础数据调查结论，根据青贮饲料收购量 2 万吨存量计算，可以确定育肥肉牛场养殖规模是 [0，3 100] 头。

3.3.3.2 常态化养殖

在形成养殖规模和形成产品品牌之后，能够影响架子牛购置价格和商品肉牛销售价格，从而克服了采购架子牛和销售商品肉牛影响因素，降低生产性成本就成为主要影响因素。采取季节性育肥决策：选择 2 月份采购架子牛育肥 5 个月，7 月初出栏，8 月底采购架子牛育肥 5 个月，次年 1 月初出栏。季节性育肥决策避开 7、8 月高温影响和 1、2 月低温影响，同时避开春节期间养殖员工的春节过年的影响因素。一个养殖周期青贮饲料消耗量是 3.57 吨/头，每年两个养殖周期，按 3.2 节基础数据调查结论，根据青贮饲料收购量 2 万吨存量计算，可确定育肥肉牛场养殖规模是 [0，2 800] 头。考虑到库存损耗量，按 [0，2 700] 头规模计。

3.4 基于资源约束的蚯蚓养殖规模

3.4.1 牛粪作为养殖蚯蚓饵料

蚯蚓以城市垃圾和牛、猪、羊、马、鸡粪，以及烂水果、果皮核、树叶、食品、农副产品下脚料为食物，蚯蚓养殖周期短，繁殖率高，饲养简单、投资小。蚯蚓的养殖、利用、开发价值极其显著。

牛粪可以作为饲养蚯蚓的天然饵料，且饲养方法简单，成本低廉。简单的露天堆肥养殖是大规模生产蚯蚓产品的最佳方法，不须任何投资设备，利用空闲地，把未经发酵的牛粪推成高 15~20 厘米、宽 0.1~1.5 米、长度不限的形状，放入蚓种，盖好稻草，遮光保湿，即可养殖。蚯蚓能改变土壤的物理性质，还可以改变土壤的化学性质，使板结贫瘠土壤变得疏松多孔、通气透水、保墒肥沃而能促进作物根系生长的高产土块。这样，既可以免耕或少耕，又可以提高土壤肥力，做到节省劳动力、节约能源和增加产量。

3.4.2 蚯蚓饵料生产规模

3.4.2.1 初期养殖规模

用牛粪作为蚯蚓养殖饵料,则蚯蚓养殖规模受育肥肉牛规模限制。每头牛产生的牛粪是体重的 5% ~ 6%,250 千克架子牛,育肥达 580 千克出栏,架子牛体重在 250 ~ 400 千克生长周期是 5 个月,架子牛体重在 380 ~ 580 千克生长周期是 4 个月。在考虑生长周期的前提下,计算每头牛日均产生的粪便量,如表3–13所示。

表 3–13 250 千克架子牛育肥期粪便量

月初体重 / 千克	月末体重 / 千克	粪便与体重比例 100%	每日产生粪便量 / 千克	每月产生粪便量 / 千克
250	275	5.50	14.4	433.13
275	300	5.50	15.8	474.38
300	325	5.50	17.2	515.63
325	350	5.50	18.6	556.88
350	380	5.50	20.1	602.25
380	420	5.50	22.0	660.00
420	460	5.50	24.2	726.00
460	495	5.50	26.3	787.88
495	530	5.50	28.2	845.63
530	580	5.50	30.5	915.75
合计				6 518

推算到一个年度,则产生的粪便量是 7 821.6 千克。按 [0,2 700] 头养殖规模,则生产蚯蚓饵料规模是 [0, 21 118] 吨。

3.4.2.2 后期养殖规模

从第二个年度开始,架子牛体重在 380 ~ 580 千克生长周期是 5 个月。在考虑生长周期的前提下,计算每头牛日均产生的粪便量,如表3–14所示。

表 3-14　380 千克架子牛育肥期粪便量

月初体重 / 千克	月末体重 / 千克	粪便与体重比例	每日产生粪便量 / 千克	每月产生粪便量 / 千克
380	420	5.50	22.0	660.00
420	460	5.50	24.2	726.00
460	495	5.50	26.3	787.88
495	530	5.50	28.2	845.63
530	580	5.50	30.5	915.75
合计				3 935.46

每年可以进行两个育肥周期，架子牛育肥期粪便量是 7 870.92 千克，按［0, 2 700］头养殖规模，则生产蚯蚓饵料规模是［0, 21 251］吨。

考虑到损耗量，生产蚯蚓饵料规模按［0, 20 000］吨计算。

3.4.3　蚯蚓养殖规模

第一年养殖蚯蚓 8 期，每亩地蚯蚓基床占地面积为 240 平方米，按照基床高度 20 厘米计算，一亩地建设蚓床需要牛粪：240 平方米 ×0.20 米 =48 立方米。

后期蚯蚓养殖按 10 厘米厚度给料，每年按 9 次平均计算，每亩需要牛粪的体积。蚯蚓饵料规模是［0, 20 000］立方米，每亩地铺蚓床 + 投喂饵料一年约需要牛粪约 100 立方米（t），则蚯蚓养殖规模是［0, 200］亩。如表 3-15 所示。

表 3-15　蚯蚓养殖规模

每亩地按蚓床面积 240 平方米，蚓床厚度按 20 厘米计算，约需要牛粪的量	48 立方米（t）
后期投喂饵料，按 8 ~ 10 厘米计算，一年计 10 次（第一次不需要投料，后期添加的饵料按 2 ~ 3 厘米一层即可）	50.4 立方米（t）
每亩地铺蚓床 + 投喂饵料一年约需要牛粪的量	100 立方米（t）
2 700 头牛所产粪可满足蚯蚓养殖的规模	200 亩

3.5 基于资源约束的大棚蔬菜种植规模

3.5.1 蚯蚓粪种植有机蔬菜

纯蚯蚓粪有机肥具有颗粒均匀、干净卫生、无异味、吸水、保水、透气性强等物理特性，是有机肥和生物肥在蚯蚓体内自然结合的产物，含有机质 32.4%、氮 2.15%、磷 1.76%、钾 0.27%，并含有18 种氨基酸，能提高植物光合作用、保苗、壮苗、抗病虫害和抑制有害菌和土传病害，可明显改善土壤结构，提高肥力和彻底解决土壤板结问题，在提高农产品品质，尤其是茶、果、蔬菜类产品的品质方面效果卓著，是农林、花卉、城市绿化的优质有机肥。

蚓粪是纯天然精微有机肥料，具有多孔状的团粒构造，保水、保墒、通气、肥效高，还有益菌生态肥功能，富含微量元素，尤其具有诱发作物免疫功能，更具有促进根细胞分裂生长天然激素，如 IAA，IGA，GA3，具有其他有机肥不具备的特点。在国外，蚓粪作为肥料用于农业生产已相当普遍。美国的加利福尼亚农业试验场利用蚯蚓粪作肥使小麦增产 26%，菜籽增产 7 倍。加拿大蚯蚓养殖者利用蚯蚓处理垃圾，同时获得大量蚓粪，掺和泥炭运销国外，作为园圃、温室栽花和蔬菜培植之用。在园艺上，蚓粪可作为育苗或无土栽培的基质，以掺入 30% 蚓粪的基土效果最好，其固相、液相、气相较理想。蚓类可使幼苗生长健壮、挺拔，而且可防治软腐病、立枯病、缩根病、马铃薯线虫病等多种病害，是盆栽蔬菜首选有机肥。

蚯蚓粪有机肥与普通有机肥的根本区别表现在以下几个方面。

（1）普通有机肥因未完全发酵，存在施用后二次发酵而导致烧苗的问题，而且有异味，甚至发臭，而蚯蚓粪不存在这些问题。

（2）普通有机肥未把各农牧粪全部转化成简单、易溶于水的简单物质，不易被植物摄取，而蚯蚓粪极易被植物吸收。

（3）蚯蚓粪是坚固的团粒结物，其保水性、排水性强，长期使用不会分散压密，这是普通有机肥无法办到的。

（4）蚯蚓粪富含腐殖酸和大量的有益微生物菌、18 种氨基酸和多种微量元素，而这些在普通有机肥中含量都很少。

（5）蚯蚓粪中含拮抗微生物，可抑制土传病害，而普通有机肥不存在有这种微生物。

（6）蚯蚓粪还有一个优于其他有机肥的特点，就是不长霉、无臭味，符合卫生要求，装入塑料袋可长期保存。

蚯蚓粪的功能及特点表现在以下几个方面。

（1）营养全面，肥效持久：蚯蚓粪有机肥不仅含有氮、磷、锌等大量元素，而且含有铁、锰、锌、铜、镁等多种微量元素和18 种氨基酸，更可贵的是含有拮抗微生物和未知的植物生长素，这些有效成分是任何化学肥料，有机肥和微生物肥所无法达到的。

（2）富含有机质，增强地力，减少化肥用量，根本解决土壤板结问题：蚯蚓粪有机肥促进土壤团粒结构，提高土壤通透性、保水性、保肥力、利于微生物的繁殖和增加，使土壤吸收养分和储存养分的能力增强，从源头上解决化肥施用次数多、量大、易流失，利用率低等问题。据国内研究机构的研究成果，每 0.5 千克蚯蚓粪其效果可等同于 5 千克农家肥，既经济实惠又方便施用。

（3）富含微生物菌群，可提高作物抗病防病能力，保护土地生态环境：蚯蚓粪有机肥中大量有益微生物施入土壤后，迅速抑制有害菌的繁殖，使有益菌得以繁殖扩大，减少土传病害的发生，使农作物不易生病，同时增加植物根部的固氮、解钾、解磷的能力。大量微生物的代谢能改善土壤的理化性质，使土壤成分多样化且易于吸收，并产生土壤肥力形成和发育的生物能，提高土壤在有机物和无机物之间能量转换的动力，保护土地生态环境。

（4）富含腐植酸，可调节土壤酸碱度，提高土壤的供肥力：蚯蚓粪有机肥腐质酸含量在 21% ~ 40% 之间，并且含有多种消化酶和中和土壤酸碱度的菌体物质，能提高土壤中性磷酸酶、蛋白酶、脲酶和蔗糖酶的活性，从而提高土壤的供肥能力，改善土壤结构和平衡酸碱度，最终体现在优化作物的生长发育、产量及品质上。

（5）抗旱保肥，促根壮苗：在蚯蚓粪特有而丰富的营养成分和奇特理化性质的共同作用下，在施用蚯蚓粪后，作物明显表现出抗旱能力提高和减少化肥用量，特别是作物的根系尤显发达，从而使作物在壮苗、抗倒和抗病等方面表现突出。

（6）重茬不减产：蚯蚓粪所含营养物质丰富，不但能显著提高土壤中微生物数量，而且能改善土壤结构。多年的试验表明，可使重茬不减产，对于薯类作物产量甚至一年比一年高。

（7）明显改善作物品质，恢复作物的自然风味：蚯蚓粪生物有机肥用于蔬菜上可促使蔬菜的枝叶粗壮、果实饱满、色泽艳丽、口味纯正、口感甜脆，内外品质符合有机农产品的标准。

（8）应用范围广，使用方便，清洁：蚯蚓粪有机肥能适用于有机茶种植、有机水果、蔬菜种植，既可作基肥，也可以作追肥。也可用于高级花卉营养土、草坪栽培，还可作为无土栽培的基质，无臭无味，干净卫生，不会发生烧根、烧苗现象。

3.5.2 蚯蚓粪生产规模

蚯蚓养殖规模是［0，100］亩。每年牛粪需求量为：20 000立方米，100亩蚯蚓养殖区按20%～30%折扣量计算，每年能生产［0，3 000］吨蚯蚓粪。

3.5.3 有机蔬菜种植规模

有机蔬菜种植应重视肥料的施加，对于有机肥的需求，重施有机肥选择充分腐熟的有机肥提早在盖棚前1个月作基肥施下，施入棚室土壤中，施用量一般为蔬菜大田栽培的1.0～1.5倍。即每亩棚室土壤施入优质有机肥5.0～7.5吨；3 000吨蚯蚓粪能支持400亩大棚有机蔬菜种植规模。

4　微利生态循环园建设方案

4.1　数据采集

无人机倾斜摄影技术被广泛地应用于测绘遥感领域中，并且发展迅速，其实质就是在同一飞行平台上搭载多个传感器，同时从多个角度对地面物体进行定距拍摄，使得获取的地面物体信息更加完整、准确、全面。倾斜摄影技术主要是利用多镜头从垂直和倾斜两个角度进行拍摄，其中以垂直于地表水平面的角度对地面物体拍摄获取的影像为正片；倾斜角度主要是以传感器与地面的水平线呈一定的角度对地面物体进行拍摄，获取的影像称为斜片。

倾斜摄影系统主要由飞行平台、工作人员和仪器三部分组成[4]。其中飞行平台指无人机；工作人员包括观测地面站和飞机的地面指挥人员；仪器主要指传感器（多镜头相机和GPS定位装置）和姿态定位系统，姿态定位系统主要记录相机在曝光瞬间的姿态。拍摄倾斜摄影的航线是采用事先规划好的航线，同时在航线设计软件中生成的飞行计划中包含飞行路线和各个相机的曝光点位置坐标。在飞行过程中，飞机上五个镜头会根据对应的曝光点进行拍摄，以此来获得目标区域的影像数据。

本项目采用苏州创飞农业科技有限公司生产的六旋翼无人机（如图4-1所示）。该无人机主要有飞行控制系统、云台、电机及螺旋桨组成，通过螺旋桨的高速旋转来带动飞机的高速飞行，当飞机飞入事先规划好的航线时，云台上的五镜头相机会自动的采用定距拍摄的方法来对目标区域进行拍摄，并且相邻两张照片的重叠度在80%以上，增加了建模的可靠性；同时该无人机以锂电池作为飞行的驱动力，与油动无人机相比，无人机外形设计精巧，可以折叠、携带方便，可以很方便地在野外进行作业，在较短距离作业的情况下安全性更高。

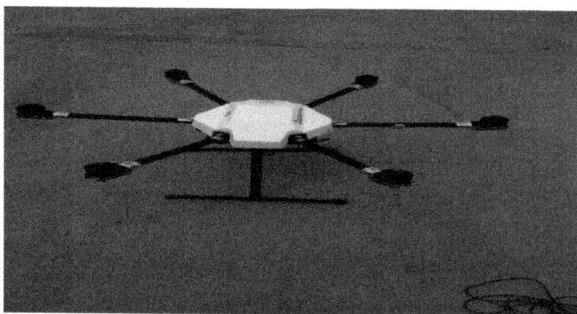

图 4-1　创飞六旋翼无人机

4.1.1 基于倾斜摄影数据获取

在无人机作业前首先要对目标所在地的地物和地貌进行观察，对于特别高大的建筑物要采用测高仪对其海拔高度进行测量，结合照片的输出精度来确定无人机的飞行高度，进一步确保飞机的安全作业。本次无人机作业总共分两个架次，作业高度为150米，本节具体以第一架次的飞行为例来具体说明无人机倾斜摄影数据的获取流程，具体操作步骤如下：

（1）展开飞机，打开地面站，对地面站进行定位，同时把目标所在地的地图下载好。

（2）检测电池电量是否为满电以及飞机的机壁是否存在裂痕，手动转动电机座，同时把飞机朝着第一个飞行点处放置。

（3）打开规划好的航线，检查航线及海拔高度补偿值，同时把电池在飞机上绑好，具体的航线规划步骤见后面航线规划步骤部分。

（4）检查完毕后，先给飞机通电，在新的起飞地点（距离上次飞行 20 千米外的地方）先校准罗盘，再挂载云台，打开相机，在地面站上进行点拍（通常拍 3 个），来确定相机的曝光线是否接触良好。

（5）断电，先断开红线即正极，后断开黑线即负极，给飞机上桨叶，桨叶通常有正桨和逆桨两种，逆时针方向旋转为正桨，反之为逆桨，然后再次给飞机通电，让飞机进行自检，自检完成的标志是指示灯变为一连串闪烁的绿灯，同时在该过程中勿动飞机上的任何部件。

（6）再次检查海拔高度补偿值和航线信息（航点的海拔和转弯模式）。规划的航线一般是偶数条，并且第一个点和最后一个点都是 stand and turn（定点转弯）模式，其余航点都是自适应模式。

（7）检查航线无误后，上传航线，打开相机，检查相机的状态，把手机放在相机下边观察相机镜头是否都伸出，之后拨动油门使飞机缓慢升起，待飞机上升到一定高度时，慢慢地拨动开关收起脚架，微调油门使飞机不断上升。

（8）在飞行过程中，地面站的人要不间断的报告电池电压、海拔高度、水平速度、垂直速度、GPS、姿态等相关参数的信息来判定飞机的飞行状态是否安全，进一步确保飞机的安全作业。

（9）航线飞完后，待飞机悬停在最后一个航点时，手动切换遥控器上的控制模式（GPS→姿态→GPS），当飞机的飞行高度为 20～30 米时放下脚架，使飞机缓慢下降。

（10）待飞机安全降落后，先拔下飞机电源，再关闭相机电源，同时仔细查看每个镜头所在文件夹里的照片清晰度是否符合预计的精度要求并确认照片数目是否一样，确认无误后导出相机里的照片和各照片的 pos 信息，即可得到所拍摄地的地形、地貌数据照片，各个镜头拍摄的照片如下图 4-2 所示。

数据获取完成后，首先要对获取的影像进行质量检查，对不合格的区域进行补飞直到获取的影像质量满足要求；其次要根据导出的 pos 信息来对照片进行剔片处理，使得每张照片的 pos 信息与其真实的地理位置坐标一一对应。

图 4-2　倾斜摄影照片

无人机的飞行控制与航线规划不但是无人机能否安全作业的关键，而且是无人机自主控制飞行的关键因素，同时也是能否完成复杂任务以及安全起飞的重要保证。本节具体以牛场第一架次的航线规划为例对航线的规划进行说明。

航线具体规划步骤如下：

（1）打开 GS 地面工作站系统，单击"工具箱"选项进入摄影测量工具界面，仅对飞行高度、H 和 W 覆盖率、水平速度和垂直速度进行设定，通常 H 和 W 覆盖率分别设为 80 和 75，水平速度为 6 米 / 秒左右，垂直速度为 3 米 / 秒左右，如图 4-3 所示。

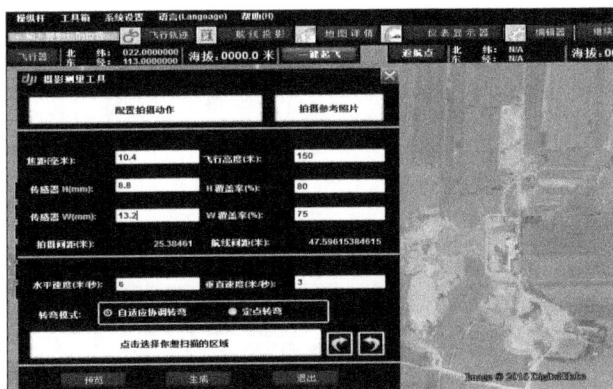

图4-3　基本参数设置界面

（2）单击目标区域后点击摄影测量工具中的点选择你想扫描的区域，会出现图4-4所示的图框，图中的右上角和左下角两个红色的标记，用左键选中不动可以增加或减小选中区域的大小。

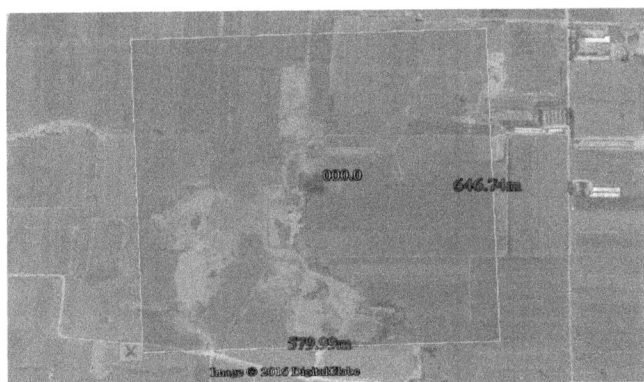

图4-4　目标选中区域

（3）点击摄影测量工具中的"预览"选项会出现图4-5所示的航线图，同时观察左侧摄影测量工具中的预测总航程的多少。

考虑到飞机电池容量的大小，通常在 100 米的高空，飞机的总航程不能大于 8.5 千米，海拔每增加 100 米飞机的总航程通常减少 0.5 千米，如果航线划好后，飞机的总航程和飞行高度两者不符合飞行的条件，需要用左键选中两个红色标记中的任一个进行航线的重新规划。

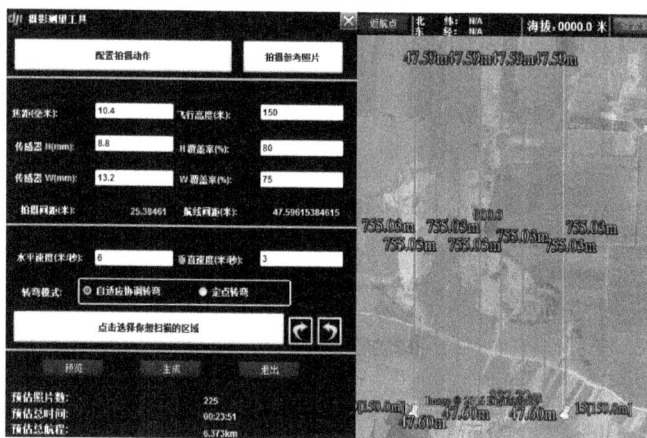

图 4-5　预览航线界面

（4）点击摄影测量工具中的"生成"选项，会出现图 4-6 界面，此时需要把图中的原始零点删除，否则离飞机的第一个起飞点距离太远。在确定图 4-7 中的除了第一个点和最后一个点是定点转弯模式，其余点都是自适应转弯，同时点击"编辑"中的"任务"选项，把飞行模式由 continuous 改为 start to end，然后点击右下角的"保存"选项对航线进行保存。

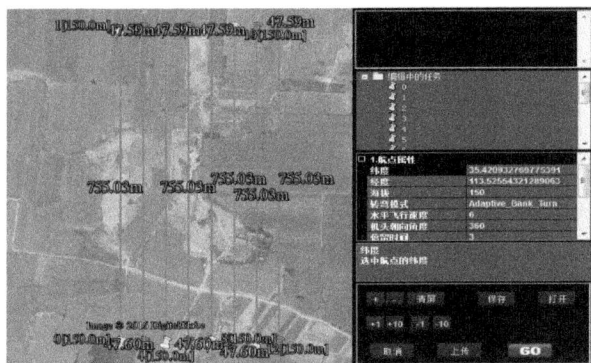

图 4-6 航线生成界面

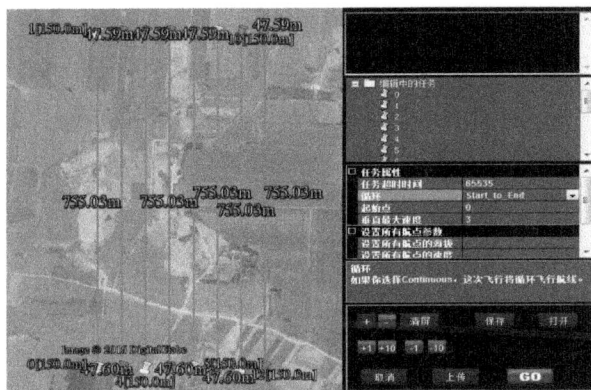

图 4-7 航点参数修改界面

（5）点击上图左下角处的"+"选项，之后在所划航线的左下角处选定飞机的降落点（点击打算降落的位置），从该点到航线的最后一个点间的距离为飞机的返程路线，如图 4-8 所示。同时需要对新增点的海拔高度和停留时间进行设定，由于飞机要从该点降落下来，脚架的打开需要一定的时间，对此该点的停留时间要比其他点的停留时间长，通常设为 5 ~ 7 秒，海拔高度的预设原则是根据飞机返程的距离和速度估算出飞机返程所用的时间，假定飞机的垂直速度为 1 米 / 秒，结合飞机的返程时间大致估算出飞机下降的垂直距离，通常情况下飞行高度减去飞机下降的距离即为该点的海拔高度，但是实际情况中为了不使飞机的下降速度过快，该点的实际海拔要高于前边得出的海拔值 10 米左右。若下降的过程中会遇到较高的障碍物，那么该点的海拔值还应适当增加。

（6）航线划好后，选择系统设置中的海拔高度补偿值，根据推荐的海拔高度补偿值来设置补偿值大小，通常设置补偿值的大小一般要比推荐的海拔高度补偿值大 5 ～ 10 米，并点击"确定"（如图 4-9 所示）。

（7）航线划好后，点击"上传"选项，得到界面如图 4-10 所示，检查任务预览项里的各个点的速度、海拔、高度差、转弯模式，除第一个点和最后两个点为定点转弯模式外，其余各点均为自适应转弯模式，并且最后一个点的海拔、高度差和其他点不同，检查完毕后点击"确认"，在联网的情况下一定要等到界面显示"上传成功"之后，方可启动飞机飞行的后续步骤，以上为航线规划的详细步骤。

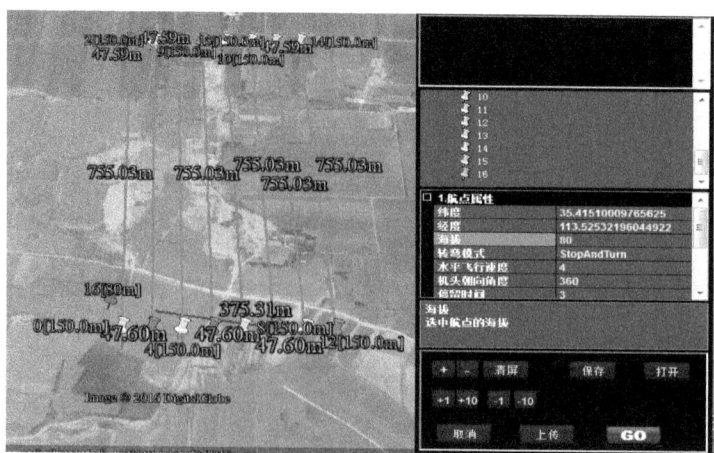

图 4-8　飞机返航点界面设置

图 4-9　海拔高度补偿值界面

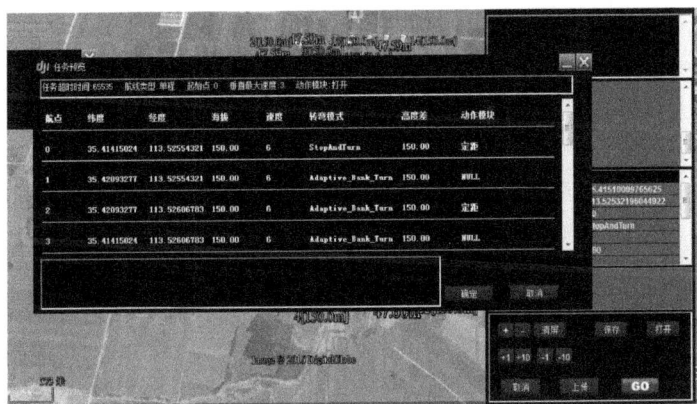

图 4-10　航线上传界面

4.1.2　基于 Smart3D 数据处理

Smart3D 实景建模大师主要是以一系列从不同的角度拍摄的数码照片作为输入数据源，同时加入各种可选的额外辅助数据，如传感器属性（焦距、传感器尺寸、主点、镜头失真等）、照片的位置参数（如 GPS）、照片姿态参数。在不需要人为干预的情况下，Smart3D 实景建模大师可以根据输入数据的大小在短则几分钟长则数小时的计算时间内输出高分辨的并带有真实纹理结构的三角网格模型。该三维网格模型能够准确、精细地复原出建模主体的真实色泽、几何形态及细节构成。

Smart3D实景建模大师的高兼容性，可以对从地面或者空中拍摄的数据源进行精确无缝的重建。只要输入照片的分辨率和精度足高，生成的三维模型就可以实现无限精细的细节；Smart3D实景建模大师最适合于那些具有复杂的几何形态或物体表面很暗的介质，主要包括服装、家具、建筑物、地形和植被等，对于那些没有颜色变化的白色墙壁、天花板或具有反射、高光泽、透明和反射特性较好的材料表面可能会造成生成的三维模型表面存在凹凸不平的孔洞。

4.1.2.1 Smart3D实景建模大师数据处理流程

Smart3D软件主要包括Master，Setting，Engine和Viewer等四个模块。其中Master是一个非常友好的人机交互界面，相当于一个管理者，可完成创建任务、管理任务、监视任务的进度等；Setting是一个媒介，它主要是帮助Engine指向任务的路径；Engine是一个引擎，它负责对所指向的Job Queen（任务序列）中的任务进行处理，可以独立于Master单独打开或者关闭；Viewer则是一个观看模型的模块，通过Viewer可以预览生成的三维场景和模型。具体以牛场第一架次获得的数据作为数据源，其数据处理流程如下：

（1）新建工程。首先要点击start a new project创建一个new project并命名；再为它选择一个project location，这样就在该路径下得到一个s3m格式的文件，并保存，如图4-14所示。

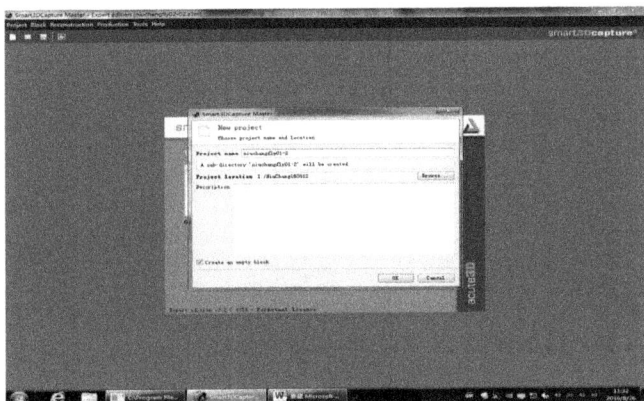

图 4-14　新建工程界面

（2）导入数据。首先新建 Block，可以在右侧选项中看到两种加载影像数据的方式，分别为 new block（新建区块）和 import block（导入区块），如图 4-15 所示。

对于 Add Photos 和 Add Directories 可以直接把影像全部导入，然后在导入的影像中，需要输入拍此相片相机的传感器横边尺寸（毫米）以及镜头焦距信息（毫米）。在确认传感器尺寸与焦距信息完整正确填写以后，可以回到 General 界面，如图 4-16 所示。

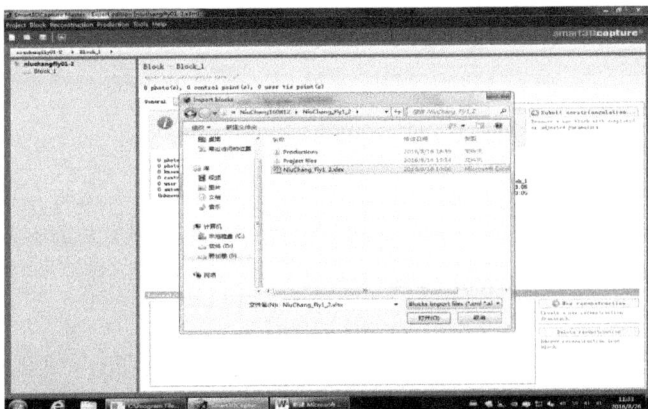

图 4-15　数据导入界面

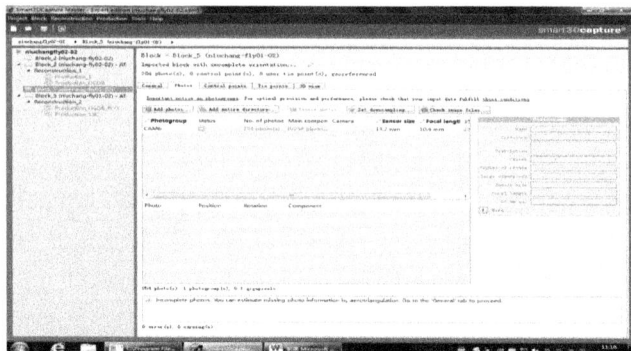

图 4-16　影像导入界面

（3）影像导入无误后，提交空三任务，在导入数据并设置完参数后（一般情况下采用默认设置即可），在 General 界面点击 Submit Aerotriangulation，在保持每一步默认的提示下提交任务。等待空三任务完成后，可以进行重建操作，如图 4-17 所示。

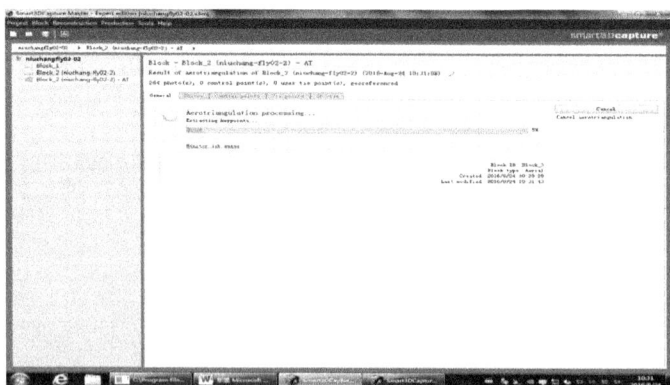

图 4-17　空三任务提交界面

（4）提交重建任务，首先在空三完成后，得到一个新区块，并且每张影像都具有精确的内外方位元素，点击"提交 Submit Reconstruction"，其次在生成的 Reconstruction 中，点击"Spatial framework"选项，在该选项下设置 Bounding box 来限定重建范围；同时在 Tiling 选项下，将 mode 设置成 Regular planar grid 模式，也可以为 Options 配置合适的 Tile size，根据软件下一行的建议值，结合电脑的运行内存来设置 Tile size，来确定合适的输出瓦片大小，如图 4-18 所示。

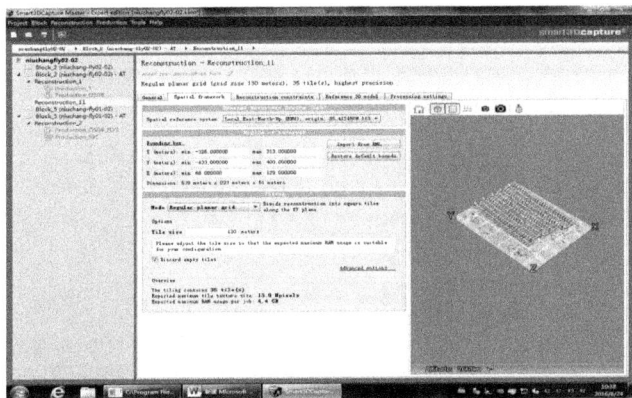

图 4-18　三维建模界面

（5）提交成果产品，在 Reconstruction 中的 General 界面下，点击"Submit new production"，首先确定成品输出名称，如图 4-19 所示。

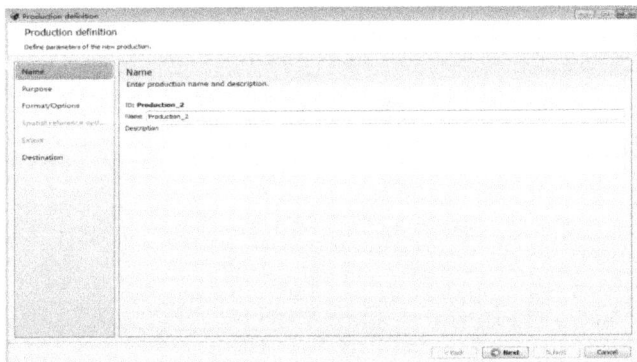

图 4-19　成果输出界面

　　其次在 Purpose 选项中，确定输出的成果形式，如果输出三维模型，可以选择 3D Mesh。依次在 Format/Options 选项下，选择相应的模型格式，然后保持其他选项默认，点击引擎 Engine 任务开始计算，经过较长时间的处理即可得到被拍摄地的三维模型，如图 4-20 所示。采用同样的处理方法可以得到拍摄地第二架次的三维模型成果图见图 4-21。

图 4-20　拍摄地第一架次的三维模型成果图

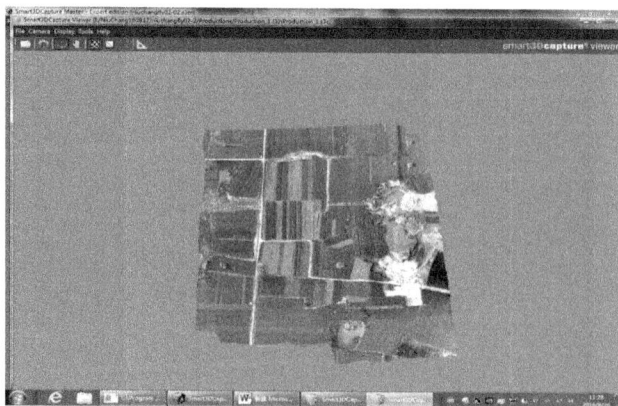

图 4-21　拍摄地第二架次的三维模型成果图

4.1.3 基于 Skyline 三维显示

Skyline 是一套三维数字地球平台软件。凭借其三维数字化显示技术，它可以利用海量的遥感航测影像数据、数字高程数据以及其他二维三维数据搭建出一个对真实世界进行模拟的三维场景。Skyline 系列主要包含 3 类产品：

（1）Terra Builder 融合海量的遥感航测影像数据、高程和矢量数据以此来创建具有精确三维模型景区的地形数据库。

（2）Terra Explorer Pro 是一个桌面工具应用程序，通过它用户可以浏览、分析空间数据，并对其进行编辑，添加二维或者三维的物体、路径、场所以及地理信息文件。Terra Explorer 与 Terra Builder 所创建的地形库可以相连接，并且可以在网络上直接加入 GIS 层。

（3）Terra Gate 是一个发布地形数据库的服务器，允许用户通过网络来访问地形数据库，如图 4-22 所示。

以 Terra Builder 和 Terra Explorer Pro 作为三维地理信息制作与建模平台。

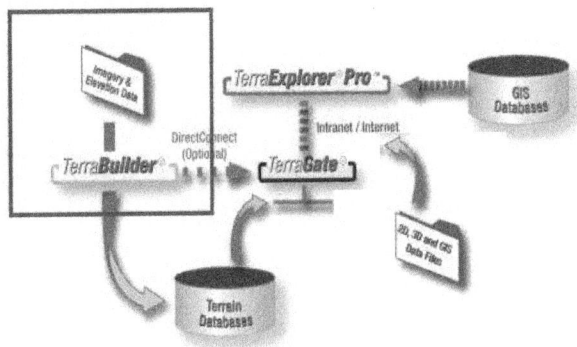

图 4-22 Skyline 产品模型

4.1.3.1 数据导入

无人机飞行得到的影像数据经过 Smart3D 处理后，可以导出

OSJB 格式。具体处理步骤如下：首先打开 Terra Builder 中的 City Builder 软件，打开左上角菜单栏，选择 "New" 新建一个工程，如图 4-23 所示。

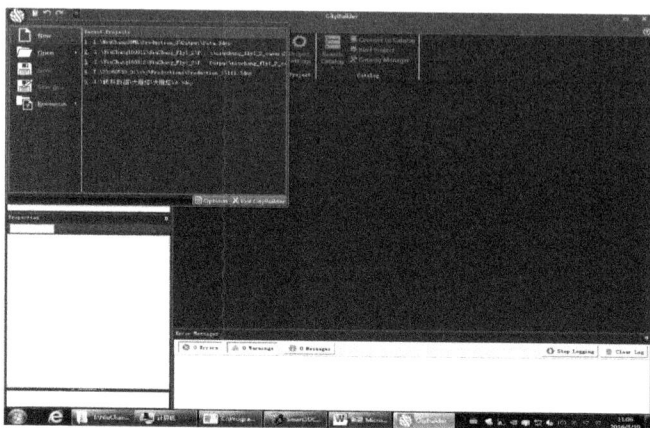

图 4-23　City Builder 新建工程界面

当工程创建完成后会显示一个地球模型，之后再导入之前 Smart3D 生成的 OSGB 格式的数据，并且根据需要更改工程保存路径，点击 "导入" 后会自动导入，如图 4-24 所示。

导入成功后，将导入成功的数据在左侧树状图中选中，选中时会进行合并一次创建，完成后可在当前界面查看生成效果。然后选择 "Create3DML" 按钮来生成工程数据和 Data.3dml 数据，如图 4-25 所示。

4.1.3.2　三维显示

选用以 Terra Explorer 为核心的三维展示平台软件来对生成的模型进行展示。

首先打开软件，点击左上角打开按钮，找到 City Builder 导出数据的文件夹，然后选中并导入之前生成的 3dmp.fly 工程数据，如图 4-26 所示。

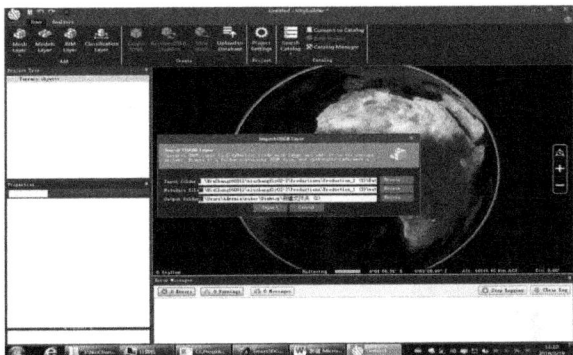

图 4-24　OSGB 数据导入界面

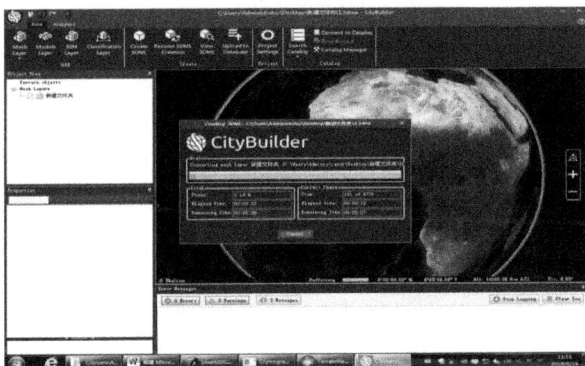

图 4-25　3dml 格式数据导出界面

图 4-26　三维展示平台工程数据打开界面

　　导入成功后会显示工程的基础地球模型，然后点击上方菜单中的"加载 3dml 数据"按钮，找到 City Builder 导出数据的文件夹，打开并导入 3dml 的展示模型数据，如图 4-27 所示。

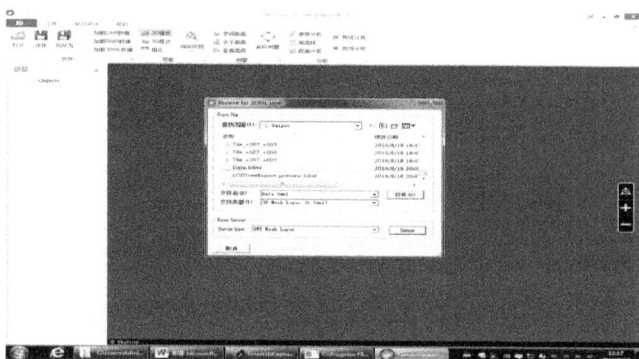

图 4-27　模型数据导入界面

　　由此，完成了三维平台展示的数据导入，双击左侧导入的展示模型数据可定位到模型实际坐标位置，进行详细展示，最终生成的模型如图 4-28 所示。

图 4-28　三维平台成果展示界面

4.2 建设方案

开展园区总体建设，首先应确定园区的总体功能，也就是按功能进行区域划分。园区的功能划分应先按用地性质，优先分配紧缺资源，再确定其他对土地资源要求相对宽松的用地规划，最后根据功能区域划分来进行总体方案设计。

4.2.1 总体功能规划

开展生态园区功能规划首先要考虑土地属性问题，在人多地少的平原地区，未利用土地和园区整体的 5% 的基本农田是稀缺的资源，无论是养殖场建设，还是办公区域建设，都应首先考虑未利用土地资源。一般耕地也可以用于养殖场建设，但使用面积受限制。

4.2.1.1 功能划分原则

首先，考虑生态养殖场用地。养殖场环境保护要求高，且用地性质必须是未利用土地或者是一般耕地。基本农田一般情况下应不予以考虑，在规划中确实存在非常困难的情况下，才可以考虑园区整体 5% 的基本农田。

其次，再考虑办公区域用地。办公区域的规划主要是考虑土地性质。土地性质与养殖场相同，但环保要求低于养殖场用地。办公区域一般与养殖场相邻，但办公区域与养殖区域应隔离。

再次，剩余园区用于有机农业。农业用地土地性质宽松，剩余土地均可用于农业用地。农业用地受限制条件主要是经济因素，但由于无论是土地复耕，还是改造农田的成本都已经下降了，所以剩余土地均可用于有机农业用地。

最后，合理布局，节约资源。①节约土地资源，合理规划，充分利用；②节约水电资源，合理布局，减少废水和肥料的运输距离；③节约人力资源，减少饲草和废料的运输距离。

4.2.1.2 功能划分

调取园区整体高分辨率数字地图，分析园区土地性质是土地整平项目用地和未利用土地两类，如图 4-29 所示。

图 4-29　园区土地性质划分图

在图 4-29 中，红色区域内土地性质为未利用土地，其他土地性质为基本农田。因此，办公区、饲草加工厂、育肥肉牛场以及六池净化等环保设施都必须规划在红色区域范围内。

充分考虑青贮饲料收购、原材料运输、饲料加工、员工交通、灌溉用水用肥、环境保护等各方面因素，对园区内未利用土地规划如图 4-30 所示。

图 4-30 园区未利用土地功能划分图

4.2.2 育肥肉牛场建设方案

养殖 2 700 头肉牛的养殖场，应建设圈舍 27 个，青贮饲料窖 20 000 立方米，排水系统雨污分流，污水池六池净化且远离水源，雨水池具备一定蓄洪防涝功能，饲料运输路线与粪便运输路线分离。

育肥肉牛场总体建设方案如图 4-31 所示。

4.2.3 蚯蚓养殖场建设方案

蚯蚓养殖是为了与育肥肉牛和有机蔬菜种植形成生态循环体系，即一方面利用牛粪进行蚯蚓养殖，另一方面将蚯蚓生产的有机肥料用以有机蔬菜种植，从而形成一个完整的生态循环体系，达到充分利用资源、降低生产成本、提高经济效益的目的。蚓床按东西走向、南北排列建设。设定蚓床标准为 60 米 × 1 米 × 0.25 米，间距为 0.8 米 × 2 米，其中 0.8 米间距后期种植果木树使用，一方面可以为蚯蚓遮阴，另一方面可以增加土地利用率；2 米间距为上粪通道及收获蚯蚓时使用。蚯蚓养殖场总体规划面积为 100 亩。

图 4-31　育肥肉牛场建设方案

4.2.4　日光温室蔬菜大棚建设方案

　　蔬菜大棚经过 30 年的发展，目前形成了以冬暖型日光温室为主的形式，其墙体使用土壤砌筑，采用半地下式结构，棚内下挖土层 0.8 ~ 1.2 米。这种日光温室使用土砌墙体可以就地取材，减少了日光温室墙体的建造价格，大幅降低了日光温室大棚的造价。同时，用土壤砌筑日光温室墙体，还能充分利用土壤本身的优秀保温蓄热能力，能够显著提高冬季日光温室大棚的室内温度，相较砖墙墙体的日光温室，冬季无加温情况下提高 4 ~ 6℃。日光温室冬季保温效果非常显著，大幅减少了冬季温室大棚蔬菜种植成本，深受温室大棚种植农户的青睐。

5 育肥肉牛与建设实践

育肥肉牛场主体建筑是青贮饲料窖和圈舍，有饲料（草）运输道路、排泄物运输道路、供水系统、排水系统（雨污分流）、电力系统、消防系统、监控系统和环保系统等附属设施。育肥肉牛场 BIM 具有信息完备性、信息关联性、信息一致性、可视化、协调性、模拟性、优化性和可出图性等特点，可以作为工程施工依据。

5.1 育肥肉牛技术

5.1.1 架子牛集中肥育技术

5.1.1.1 架子牛肥育原理

根据肉牛肌肉和脂肪沉积的阶段，肉牛肥育大致分为两个阶段：

（1）生长肥育期：6 ~ 16 月龄，此阶段利用肉牛旺盛的骨骼和肌肉生长倾向和高的饲料报酬，饲喂蛋白质、矿物质、维生素含量高的优质粗料、青贮料、糟渣类饲料，蛋白质含量占日粮干物质的 13% ~ 14%，促进骨骼和肌肉的生长，使肉牛具备成年肉牛的体形。尽量多用粗料，少用精料，精料喂量为肉牛活重的 0.6% ~ 1%。

（2）成熟肥育期：此期约为肉牛 18 月龄，骨骼发育完好，肌肉也有相当程度的增长。此时，主要是脂肪的沉积。因此，增加肌肉纤维间脂肪的沉积量，改善牛肉品质是后期的主要任务。在饲养上应增加精料用量，精粗比 55 : 45 或 60 : 40，日增重应达到 1.3 千克，缩短出栏时间。

5.1.1.2 肥育架子牛的选择标准

稳定的架子牛来源是肉牛肥育的基础，要想搞好肉牛肥育，在所选育肥地点周围 500 千米范围内必须有稳定的适于肥育的架子牛来源，且架子牛必须健康无病，其收购价格应相对稳定，保证肉牛肥育有利可图，且交通便利。

（1）品种：我国地方良种牛如鲁西牛、秦川牛、南阳等以及它们与西门塔尔、夏洛莱、利木辛、安格斯、南德温等优良国外肉牛品种的杂交改良牛。

（2）年龄：牛肉的嫩度和年龄的关系非常密切，适合生产优质牛肉的年龄为 12 ~ 24 月龄，适合大众消费牛肉的年龄为 24 ~ 48 月龄。

（3）性别：选择去势公牛。因为阉牛的增重速度虽比公牛慢 10%，但阉牛肥育其大理石花纹比较好，肉的等级高。

（4）体重：优质肉块的重量和牛屠宰前活重存在着相关关系，宰前活重越大，优质部位肉块重量也越大，尤其是里脊（牛柳）。但牛出栏体重越大，饲料利用效率也越低。出栏体重的标准各国、各品种间差异也较大。如美国肉牛的出栏体重为 500 ~ 600 千克。日本阉牛 550.7 千克，母牛 500 ~ 600 千克，我国良种黄牛及其杂交种的出栏体重约为 550 千克。

（5）外形：理想的肉牛身体低垂、紧凑匀称，体宽而深、四肢正立、整个体形呈长方形。

（6）健康无病：健康的牛的鼻镜应是湿润的，带有水滴。如果发生了疾病，鼻镜发绀发热。健康的牛每天反刍的次数为 9 ~ 16 次，每次 15 ~ 45 分钟，每日用于反刍的时间为 4 ~ 9 小时，如果反刍停止，说明牛瘤胃积食或弛缓。

5.1.1.3 异地肥育新到架子牛的管理

（1）为新到架子牛提供清洁饮水，如果是夏天长途运输，架子牛应补充人工盐。

（2）架子牛运输前肌肉注射维生素 A、维生素 D、维生素 E 并喂 1 克土霉素。

（3）对新到架子牛，最好的粗饲料为长干草，其次是玉米青贮和高粱青贮。用青贮料时最好添加缓冲剂（碳酸氢钠），中和酸度。

（4）对新到场的架子牛，精饲料的喂量应严格控制，必须有近 15 天的适应期饲养，适应期内以粗料为主，精饲料从第 7 天开始饲喂，每 3 天增加 300 克精料。

（5）分群。所有到场的架子牛都必须称重，并按体重、品种、性别分群。

（6）标记身份。所有的牛都被打耳标、编号，标记身份。

（7）驱虫。对进入育肥场的架子牛的一个基本管理措施就是投驱虫药。

5.1.1.4 架子牛的强度肥育

这是我国目前大多数肉牛肥育所采用的肥育方式。牛源一般从牧区和农区选购。肉牛肥育开始体重在 300 ~ 350 千克，经 3 ~ 5 个月的强度肥育，屠宰体重达 500 千克以上，屠宰率为 56% ~ 60%，净肉率 48% ~ 50%，牛肉质量上等。一般分为三期肥育。

（1）过渡饲养期：约 15 天。对刚从农区买进的架子牛，一定要驱虫，包括驱除内外寄生虫。实施过渡阶段饲养，即首先让刚进场的牛自由采食粗料，粗料不要铡得太短，长约 5 厘米。上槽后仍以粗料为主，可铡成 1 厘米左右。每天每头牛控制喂 0.5 千克精料，与粗料拌匀后饲喂。精料量逐渐增加到 1.5 千克，尽快完成过渡期。

（2）肥育前期：约 40 天。这时架子牛的干物质采食量要逐步达到 8 千克，日粮粗蛋白质水平为 12%，精粗比为 55 ∶ 45，日增重 1.2 千克左右。

（3）肥育后期：约 60 天。干物质采食量达到 10 千克，日粮粗蛋白质水平为 11%，精粗比为 65 ∶ 35，日增重 1.3 ~ 1.5 千克。

5.1.1.5 架子牛的饲养管理

（1）饲养方式。

散栏饲养：将体重、品种、年龄相似的架子牛饲养在同一栏内，便于控制采食量和日粮的调整，做到全进全出。

拴系饲养：是将牛按大小、强弱定好槽位，拴系喂养。优点是采食均匀，可以个别照顾，减少争斗、爬跨。利于增重。但饲养员劳动量大，牛舍利用率低。

（2）饲喂方式。采用全混合日粮，饲喂肉牛时精、粗料混合饲喂，在饲喂前 3 ~ 4 小时将揉搓处理的秸秆与酒糟、精料混合料以及青贮分层铺匀，加入饲料总量 40% ~ 50% 的水，任其发酵，喂时将饲料拌匀后饲喂。将精料、粗饲料、青贮以及糟渣类饲料混在一起饲喂肉牛，能改善饲料的适口性，提高采食量。

（3）饲料加工与饲喂。粗饲料品种的选择，视各地粗饲料生产条件而定，一般选择规律（顺序）：干草、玉米秸、麦秸、稻草。粗饲料饲喂时必须要加工处理，提高其采食量和消化率。如秸秆经铡短、揉碎和氨化处理比不处理其进食量可提高 15% ~ 30%。精料的粗粉碎比细粗碎进食量要高。

（4）架子牛肥育的管理。①按牛的品种、体重和膘情分群饲养，便于管理。②日喂两次，早晚各一次。精料限量，粗料自由采食。饲喂后半小时饮水一次。③限制运动。④搞好环境卫生，避免蚊虫对牛的干扰和传染病的发生。⑤气温低于 0℃ 时，应采取保温措施，高于 27℃ 时，采取防暑措施，夏季温度高时，饲喂时间应避开高温时段。⑥每天观察牛是否正常，发现异常及时处理，尤为注意牛消化系统的疾病。⑦定期称重，及时根据牛的生长及采食剩料情况调整日粮，对不长的牛或增重太慢的牛及时淘汰。
⑧膘情达一定水平，增重速度减慢时应及早出栏。

5.1.2 肉牛舍饲育肥技术

肉牛舍饲短期快速育肥技术的含义：即选择体重较大的架子牛，利用精粗调制的全价配合饲料，并施以相应的舍饲管理技术，在较高营养水平的条件下，使牛迅速增重，在 3 个月内，达到出栏体重，从而提高牛肉产量，改进牛肉品质增加经济效益的一种育肥方法。

5.1.2.1 育肥牛的选择

用作育肥的架子牛的选择与育肥速度和牛肉品质关系甚大，是确保高效的首要环节，因此我们饲养肉牛时应注意以下几个方面。

（1）品种：应选择肉用牛的杂交品种，如西门塔尔、夏洛莱、利木赞等国外肉牛品种与本地牛的杂交一代或这些品种三元杂交的后代公牛，为什么要选择杂交品种牛呢？因为杂种牛有以下四点好处：

第一，体型大。本地的黄牛体型偏小，并且后躯发育较差，不利于产肉。本地黄牛经过改良成为杂交品种，从体型上一般比本地黄牛增大30%左右，体躯增长，胸部宽深，后躯较丰满，尻部宽平，后尖斜的缺点能基本得到改进。

第二，生产快。本地黄牛最明显的不足之处在于生长速度慢，成年体重小，本地黄牛经过杂交改良，其杂种后代作为肉用牛饲养，在 20 个月左右就可长到350 ~ 400 千克。据资料统计：在饲养条件比较优越的平原地区，本地公牛周岁体重仅有200 ~ 250 千克，而杂种牛（利木赞或西门塔尔）的同龄体重可达300 ~ 350 千克，杂种牛比本地牛提高了40% ~ 50%。

第三，出肉率高。经过育肥的杂交牛，屠宰率一般能达

55%，比本地牛提高了 3% ~ 8%。一般来说，杂交牛与本地牛相比，能多产肉 10% ~ 15%。

第四，经济效益好。杂交牛生产快，出栏上市早，同样条件下杂种牛的出栏时间比本地牛几乎缩短一半，杂交牛成年体重大，能达到外贸出口标准；杂种牛还能生产出供出口和高级饭店用的高档牛肉，从而卖得高于本地牛数倍的好价钱，杂种牛的饲养期短，从而饲料转化率高。肉乳兼用型杂种牛更是如此，能大大降低饲养成本。

（2）年龄：按出栏时间不同可分为：18 ~ 22 月龄出栏的可选购 15 ~ 19 月龄的架子牛，30 月龄出栏的应选购 26 ~ 27 月龄的大架子牛。

（3）体重：应在 350 千克以上，这样肥育期平均日增重 1.24 千克，整个肥育期增重 108 ~ 120 千克，才能达到出栏的体重。目前，在市场购买架子牛，实际称量体重的较少，多数仍是凭眼力和用手触摸的经验来估测体重。350 千克体重的架子牛，一般体高在 115 ~ 118 厘米，胸围在 162 ~ 165 厘米。

（4）外型及其他：a. 应选择发育良好，膘情中等，体型大中型，结构匀称，背腰长、宽、平，臀部后躯宽、方大的牛；b. 口方嘴齐，嘴岔大，采食好的牛；c. 被毛光亮无皮肤病的牛；d. 经过市场检疫，健康无病的牛，严禁从有传染病的地区购牛。

5.1.2.2 肉牛快速育肥（90 天）三个阶段的饲养技术要求

（1）适应期（10 ~ 20 天），这一时期的牛熟悉新的环境，适应新的草料条件，消除运输过程中造成的应激反应，恢复牛的体力和体重。观察牛只是否健康，并健胃、驱虫、公牛去势等。日粮，开始以品质较好的粗料为主，不喂或少喂精料，随着牛只体力的恢复。逐渐增加精料，精粗料的比例 30 : 70，日粮中蛋白质水平 12%，如果购买的架子牛膘情较差，此时可以出现补偿生长，日增重可达到 800 ~ 1 000 克。

（2）肥育前期（30～40天），日粮中精料比例由原30%增至60%。具体操作时，可按牛的实际体重每100千克，喂给含蛋白质水平11%的配合精料1千克；粗料自由采食，日粮中比例由70%降至40%，这一时期主要是让牛逐步适当精料型日粮，防止发生膨胀病，拉稀和酸中毒等疾病，这一时期日增重可以达1 000克以上。

（3）肥育后期（40～60天），日粮中精料比例可进一步增加到70%～85%，生产中可按牛的实际重每100千克喂给含蛋白质9.5%～10%的配合精料1.1～1.2千克。粗料自由采食，日粮中比例由40%降到15%～30%；日增重可以达到1 200～1 500克。这一时期的育肥常称为强度育肥（或强化催肥）。为了让牛能够把大量精料吃掉，可以增加饲喂次数。原来喂两次可以增加到三次，且保证充足饮水。

5.1.2.3　肉牛快速育肥的类型和方法

快速育肥的方法和类型较多，根据我们地区实际情况，下面介绍几种比较实用的方法，重点介绍一下酒糟育肥法。

1．酒糟育肥法

（1）酒糟的化学成分及营养价值：酒糟是酿酒工业的残渣。造酒通常使用碳水化合物比较丰富的原料：如小麦、马铃薯、玉米、高粱等。这些物质中的淀粉在酿酒过程中产生的不挥发性产品——甘油、丙酮酸、纤维素、半纤维素、灰分、脂肪、B族维生素等。由于酵母的生命活动，酒糟中蛋白质含量相对比原料中高。每千克酒糟干物质含有钙4.44～10.88克，磷5.91～8.25克，钴0.4～1.6毫克，铜4～12毫克，镍1.6～5.0毫克，锌19.7～39.7毫克，铁0.9～1.5克。

我国酿酒工艺源远流长，不仅能广泛地利用五谷杂粮，而且从所用的种曲以及各种工艺技术看，都有着繁多的地方特色，因此酒糟中化学成分及营养价值也有很大差别。所以用酒糟育肥肉牛时，必须对酒糟进行饲料分析，弄清实际成分和含量，然后按营养标准配合其他物质，方可达到育肥肉牛的目的。

（2）酒糟育肥肉牛的方法：酒糟在干制过程中，如加工处理不当，会导致腐败变质，产生毒素。因此，应以新鲜酒糟喂牛较好。肥育牛进场后要根据牛龄、膘情进行分群。饲喂草料逐步加大酒糟含量，一般要有7天的适应过程。

每天的饲喂程序为5：50用酒糟喂牛，开始牛很爱吃，以后食欲下降；在7：00给牛喂食盐和石粉，以刺激和提高食欲；8：00将全天精料的1/4与酒糟混合饲喂，并补充酒糟量；11：00再与酒糟一起喂给1/4精料；16：00喂食盐，石粉、酒糟、维生素和微量元素（或添加剂）；18：00—19：30将其余的1/2精饲料与酒糟混合喂给。

（3）酒糟育肥肉牛的注意事项。

首先，防止中毒，酒糟中除含有营养物质外，如果原料质量不佳，就有含毒素的可能。如用发酵变质的物质做原料，那么酒糟中就含有毒素，在饲喂时要特别注意，否则会出现中毒现象。

其次，防止发生维生素A、维生素D缺乏症，酒糟缺乏维生素A、维生素D用酒糟育肥牛时，要特别注意使用维生素制剂。按说明中的剂量补喂。

2. 酒糟加尿素育肥法

分三个阶段：第一阶段（育肥第一个月）每天喂两次酒糟15千克，谷草2.5千克，每三天喂一次盐50克，生长素适量（根据牛采食量喂给秸秆玉米秸）。第二阶段（育肥第二个月）每天喂：酒糟20千克，谷草15千克，尿素60克，每2天喂一次盐50克，生长素适量。第三阶段：45天左右，每天喂酒糟25千克，尿素80克，食盐每天一次50克，生长素适量。此外，每天要饮水2～3次，每天光照两次，每次2小时，每天坚持刷试1～2次。饮水时间，要掌握在饲喂草料后，间隔2小时方可饮水以防氨中毒。

5.1.2.4 育肥牛的管理

管理育肥牛，除采取与管理其他牛一样的方法之外，还应注意以下事项：

（1）育肥之前要用虫克星（每千克体重用 0.1 克）或右旋咪唑（每千克体重 8 毫克）进行驱虫，同时必须搞好日常清洁卫生和防疫工作，每出栏一批牛，都要彻底清扫消毒一次。

（2）架子牛进入育肥场后 10 ~ 15 天，要按地区、品种、个体大小、膘情进行分群，可取得较好的饲喂效果。

（3）采取各种措施减少牛的活动，保持育肥场地环境安静，以提高日增重。脾气暴躁、爱打架的牛，要拴系饲养。

（4）若选择架子牛的余地大，最好购买无角或去角公牛进行育肥，这样可以减少牛顶架造成的损失，有利于育肥，特别对散放育肥的牛群，意义更大。

（5）整个育肥阶段，一般每 30 天或 20 天称体重一次，根据体重变化情况适当调整饲料日喂量。

（6）气温低于 0℃时要注意防寒，气温高于 27℃时开始做防暑工作。

（7）七八月份不宜育肥。

（8）肥育牛保膘度和体重达到出栏标准，应及时出栏（出售或屠宰），以加快牛群周转，降低饲养成本。

5.1.2.5 饲料的调制配合

育肥牛要坚持以粗料为主，精粗搭配的原则，根据育肥牛不同育肥阶段的饲养标准和各地饲料生产的特点，定出饲料配方，现介绍几种参考配方供选用：

一头体重 200 千克的肉用型或兼用型的杂种育肥牛。如果日增重要求 0.8 千克以上，每天可喂精料 1.25 千克、混合粗料 13 千克。饲料配方：精料可有 70% 玉米、豆粕 20%、麦麸皮 10% 和少量的食盐、添加剂；粗料可用酒糟 70%、干草 10%、氨化、微化秸秆

20%。

一头体重 400 千克的肉用型或乳肉兼用型育肥牛，如果日增重要求在 1.2 千克以上，每日要喂混合精料 3.15 千克、粗料 21 千克。饲料配方：精料可用玉米 90%，豆饼 10% 及少量的食盐和添加剂；粗料可用酒糟 80%，干草 5%，氨化秸秆 5%，青贮饲料 10%。

在具体的育肥过程中，还可以根据所用的主饲料不同，饲料配方也有相应的变化，如酒糟型、青贮型、青干草型、氨化、微化秸秆型等。

5.1.2.6 育肥牛舍的类型及主要配套设施

1）类型

分为两种。①栓系式牛舍；②围栏式牛舍。主要介绍栓系式牛舍。

栓系育肥牛舍是向阳面有全墙或下部有半截墙，其余三面都有墙有窗的牛舍。

栓系式饲养：每头牛都有固定的牛床，用绳把牛拴于相应的位置，使牛只并排饲养于槽前的饲养方式。

它的优点是：每头所需要的占地面积较少，利于管理，牛有较好的休息环境和采食位置，互不干扰。

它的缺点是：必须辅助以相当的手工操作，牛出入时，栓系工作比较麻烦，栓系饲养很适合农村小规模饲养肉牛。

栓系育肥牛舍按牛床的排列形式可以分为单列式和双列式两种。①单列式：只有一排牛床，适用于小牛舍（少于 25 头）。如果饲养头数过多，牛舍则需要很长，对于运送草料，清粪都不利。这种牛舍跨度较小，易于建造，通风良好，但散热面积也大。②双列式：有两排牛床，一般以 100 头左右建一幢牛舍，分成左右两个单元，跨度为 12 米左右，能满足自然通风的要求。尾对尾式中间为清粪通道，饲槽外侧为饲料通道。

2）牛舍内主要设施

（1）牛床。牛床是牛吃料休息的地方，常用的短牛床，牛的前身靠近饲料槽后壁，后肢接近牛床的边缘，使粪便能直接落在粪沟。短牛床的长度一般为：乳肉兼用牛160～180厘米。本地黄牛或肉牛160～180厘米，奶牛180～190厘米。

牛床的宽度取决于牛的体型，乳肉兼用牛每个床位宽110～120厘米，本地牛或肉牛113～118厘米。

牛床可以为砖牛床，水泥牛床或木质牛床。

（2）食槽：饲槽应设在牛床的前面，其长度与牛床的宽度相同，食槽一般做成通槽式，食槽宽60～80厘米，底宽35厘米，底呈弧形，槽内缘高35厘米（靠近床一侧）外缘高60～80厘米。

（3）清粪道与尿沟：清粪道的宽度要满足运输工具的往返，一般宽度为150～170厘米，清粪道也是牛出入的通道。路面要画线，以防牛滑倒。

在牛床与粪道之间一般设有排粪明沟，明沟宽度为32～35厘米，深度为5～18厘米（一般以铁锹能放进沟内清理为度），粪沟过深易损伤牛蹄子。

（4）饲料通道：在食槽前面设有饲料通道，用作运送、发放饲料，应根据运料工具和操作时必须的宽度来决定其尺寸，一般宽1.2米左右。

5.1.3 肉牛运输中的管理技术

5.1.3.1 运输时间

肉牛运输最佳季节应选择春、秋季，这两个季节温度适宜，牛出现应激反应现象比其他季节少。夏季运输时热应激较多，白天应在运输车厢上安装遮阳网，减少阳光直接照射。冬天运牛要在车厢周围用帆布挡风防寒冷。

5.1.3.2 运输车辆

选用货车运输较为合适，肉牛在运输途中装卸各需1次即可到达目的地,给肉牛造成的应激反应比较小。运输途中押运人员饮食和牛饮水比较方便,也便于途中经常检查牛群的情况,发现牛只有异常情况能及时停车处理。如果是火车运输需装卸多次才能到达目的地,肉牛出现应激反应较大,肉牛出现异常情况无法及时处理。车型要求:使用高护栏敞篷车,护栏高度应不低于1.8米。车身长度根据运输肉牛头数和体重选择适合的车型。同时还要在车厢靠近车头顶部分用粗的木棒或钢管捆扎一个1平方米左右的架子,将饲喂的干草堆放在上面。

5.1.3.3 车厢内防滑

在肉牛上车前,必须在车厢地板上放置干草或草垫20～30厘米,并铺垫均匀,因为肉牛连续三四天吃睡都在车厢里,牛粪尿较多,使车厢地板很湿滑,垫草可以防止肉牛滑倒或摔倒。

5.1.3.4 饮水桶和草料的准备

在肉牛装车之前应准备胶桶或铁桶2个,不要使用塑料桶。另外还要准备1根长10米左右软水管,便于停车场接自来水给牛饮水。草料要选择运输前饲喂的,要估计几天路程,每天每头牛需要多少草料,计算出草料总量,备足备好,只多不少。将干草放在车厢的顶部,用雨布或塑料布遮盖,防止路途中遇到雨水浸湿发霉变质。

5.1.3.5 运输过程中饲养技术

在运输之前,应该对待运的肉牛进行健康状况检查,体质瘦弱的牛不能进行运输。在刚开始运输的时候应控制车速,让牛有一个适应的过程,在行驶途中规定车速不能超过每小时80千米,急转弯和停车均要先减速,避免紧急刹车;牛在运输前只喂半饱就行。肉牛在长途运输中,每头牛每天喂干草5千克左右。但必须保证牛每天饮水1～2次,每次10升左右。为减少长途运输带来的应激反应,可在饮水中添加适量的电解多维或葡萄糖。

5.1.3.6 办好检疫证明

在长途运输时沿途经过多个省市，每个省都设有动物检疫站，押运人一定要使车辆进站进行防疫消毒，不要冲关逃避检疫消毒。同时还要准备好相关的检疫证明，如出县境动物检疫合格证明和动物及动物产品运载工具消毒证明等。

5.1.3.7 防止肉牛应激

由于突然改变饲养环境，车厢内活动空间受到限制，青年牛应激反应较大，免疫力会下降。因此在汽车起步或停车时要慢、平稳，中途要匀速行驶。长途运输过程中押运人每行驶 2～5 小时要停车检查 1 次，尽最大努力减少运输引起的应激反应，确保肉牛能够顺利抵达目的地。

在运输途中发现牛患病，或因路面不平、急刹车造成肉牛滑倒关节扭伤或关节脱位，尤其是发现有卧地牛时，不能对牛只粗暴地抽打、惊吓，应用木棒或钢管将卧地牛隔开，避免其他牛踩踏。要采取简单方法治疗，主要以抗菌、解热、镇痛的治疗方针为主，针对病情用药。

5.1.3.8 运输结束的饲养管理

将牛安全地从车上卸下来，赶到指定的牛舍中进行健康检查，挑出病牛，隔离饲养，做好记录，加强治疗，尽快恢复患病牛的体能。

牛经过长时间的运输，路途中没有饲喂充足的草料和饮水，牛突然之间看到草料和水就容易暴饮暴食。所以需要准备适量的优质青草，控制饮水，青草料减半饲喂。可在饮水中加入适量电解多维和葡萄糖，有利于更好地恢复生产体能。

新购回的肉牛相对集中后，在单独圈舍进行健康观察和饲养过渡 10～15 天。第 1 周以粗饲料为主，略加精料；第 2 周开始逐渐加料至正常水平，同时结合驱虫，确保肉牛健康无病及检疫正常后再转入大群。

5.1.4 肉牛饲料配方技术

5.1.4.1 肉牛的饲料配方

（1）精饲料配制的注意事项。严禁添加国家不准使用的添加剂、性激素、蛋白质同化激素类、精神药品类、抗生素滤渣和其他药物。国家允许使用的添加剂和药物要严格按照规定添加。严禁使用肉骨粉。饲料中的水分含量不得超过14%。

（2）颗粒饲料育肥牛。将精、粗饲料按比例混合，制成颗粒全价料饲喂育肥牛可提高增重，减少饲料浪费，显著缩短试验牛的采食时间，缩短工人劳动时间和劳动强度，提高劳动定额，从而大幅度降低成本。参考配方：玉米面47.5%，麸皮5%，棉籽饼10%，添加剂1%，食盐0.5%，骨粉1%，麦秸粉或草粉35%。

（3）精饲料的配制。精饲料包括能量饲料、蛋白质饲料、矿物质饲料、微量（常量）元素和维生素。能量饲料主要是玉米、高粱、大麦等，占精饲料的60%～70%。蛋白质饲料主要包括豆饼（粕）、棉籽饼（粕）、花生饼等，占精饲料的20%～25%。产棉区育肥肉牛蛋白质饲料应以棉子饼（粕）为主，以降低饲料成本，犊牛补料、青年牛育肥可以添加5%～10%豆饼（粕）。小作坊生产的棉籽饼不能喂牛，以防止棉酚中毒。棉籽饼（粕）、豆饼（粕）、花生饼最大日喂量不宜超过3千克。矿物质饲料包括骨粉、食盐、小苏打、微量（常量）元素、维生素添加剂，一般占精饲料量的3%～5%。青年牛育肥骨粉添加量占精饲料量的2%左右，架子牛育肥占0.5%～1%。冬、春、秋季节食盐添加量占精饲料量的0.5%～0.8%，夏季添加量占精饲料量的1%～1.2%。以酒糟为主要粗饲料时，应添加小苏打，添加量占精饲料量的1%，其他粗饲料喂牛时，夏季可添加精饲料量的0.3%～0.5%。微量（常量）元素、维生素添加剂一般不能自己配制，需要从正规生产厂家购买，按照说明在规定期内使用，严禁应用"三无"产品。

5.1.4.2 肉牛饲料配方汇总

（1）麦麸。麦麸是面粉加工业的副产品，被广泛应用于养牛生产。麦麸蛋白含量13.7%，代谢能达3.21兆卡/千克。

麦麸作为肉牛饲料，在育肥后期不能多喂，主要原因是磷、镁含量太高，多喂导致肉牛尿道结石症。因此在编制肉牛日时麦麸的常用比例为10%～12%。

（2）玉米。玉米是一种含高淀粉、高热能、低蛋白质的谷物饲料，干物质含量88%左右，粗蛋白质含量约9%，既是肉牛生产的优质饲料，又是肉牛日粮中首选的能量饲料。黄玉米含有较多的胡萝卜素、叶黄素，容易使脂肪颜色变黄，影响胴体品质，因此，在进行高档肉牛生产时，特别是育肥后期及年龄较大的牛，应尽量减少黄玉米的用量，改用白玉米。玉米磨碎饲喂效果最好，尤以湿磨更佳。

（3）大麦。大麦中饱和脂肪酸含量高，脂肪含量低，只有2%，用大麦育肥肉牛，胴体脂肪硬挺，品质极佳，所以，大麦是生产高档牛肉最好的能量饲料。在屠宰前期饲喂大麦，对改善牛肉品质有其他饲料不能替代的功能。最好的使用方法是细磨饲喂。

（4）高粱。高粱的主要缺点是含有单宁，但经过适当加工，如碾碎、裂化、蒸汽压片、粉化、挤压等，可以使营养价值提高15%左右。高粱与玉米混合利用效果较好，主要原因是使肉牛适应高能日粮，减少了酸中毒的机会，同时还能有效利用肉牛的生长潜力。

（5）米糠。米糠脱脂米糠饲喂效果好。未脱脂米糠中脂肪含量高，不易保存，若饲喂过多，不但易造成肉牛腹泻，且使胴体脂肪变软，影响品质。

5.1.4.3 最实用的肉牛饲料配方

能量饲料主要是玉米、高粱、大麦等，占精饲料量的60%～70%。蛋白质饲料主要包括豆饼（粕）、棉籽饼（粕）、花生饼（粕）等，占精饲料量的20%～25%。产棉区育肥肉牛所用蛋白质饲料应以棉籽饼（粕）为主，以降低饲料成本；犊牛补料、牛育肥可以添加 5%～10% 的豆饼（粕）。小作坊生产的棉子饼不能喂牛，以防止牛棉酚中毒。棉子饼（粕）、豆饼（粕）、花生饼（粕）的最大日喂量不宜超过 3 千克。矿物质饲料包括骨粉、食盐、小苏打、微量（常量）元素、维生素添加剂等，通常占精饲料总量的 3%～5%。牛育肥时骨粉添加量占精饲料量的 2% 左右，架子牛育肥时则占 0.5%～1.0%。冬、春、秋季食盐添加量占精饲料总量的 0.5%～0.8%，夏季添加量占精饲料总量的 1.0%～1.2%。以酒糟为主要粗饲料时，应添加小苏打，添加量占精饲料总量的 1%。

5.1.5　肉牛饲料的加工方法

通过机械化和其他技术的发展，我们能够更加有效地生产出更高质量的粗饲料。饲料加工并不是一个新的领域，它伴随着旧装备的更新、新机械的发展、作物新品种的引进、新的收获方法、新的评估加工饲料的技术的出现而发展，尤其对于谷物，现在已经出现了一些新的加工方法。许多饲料的加工方法依赖燃油和电力作为动力。因此，每种饲料加工方法所带来的效益需要和加工产生的费用相比来决定是否经济可行。这在当前油价高涨的今天显得尤为重要。

5.1.5.1　饲料加工方法谷物的加工方法

饲料加工方法谷物的加工方法有几种，其中的某些方法之间只有很小的不同。有些方法已经应用几十年了，而一些方法是近期才出现的。

谷物加工通常分为两个类别：干加工和湿加工。对于谷物来说，干加工有：研磨、干式滚筒碾压、挤压、制颗粒、烘烤、爆花、微粒化；湿加工有：蒸汽滚筒磨粉、蒸汽制片、压力烹调、高湿、浸泡、发芽、湿法爆破。

为什么要对饲料物质进行加工呢？因为家畜饲料在收获时通常大小、材质、形状、成熟度都不同，并且适口性也有差异。特有的饲料加工方法会使饲料之间的这种差异最小化，尤其是谷物。再者，对于给定的谷物，如玉米，不同品种的玉米储存时间不同，其质量也各有不同。而控制加工方法会使饲料的质量和适口性的差异最小化。

加工通常改变了饲料的形状和饲料颗粒的大小。这种变化反映在加工饲料的密度上的变化，通常加工会使饲料的密度减少，这使加工饲料的消化率产生了变化。

一些需要蒸汽加压或机械摩擦的加工方法导致淀粉的胶化。淀粉胶化的结果是饲料消化率的增加。这种消化率的增加可能是由于瘤胃发酵的提升。大多数加工方法增加了饲料的表面积，因此导致细菌和酶的活动增加。

对饲料进行加工也增加了饲料的适口性。非常干和硬的谷物会使动物的采食量减少，可通过对干、硬饲料施加蒸汽或水，然后再对饲料进行机械加工来克服。

对于特定的饲料，尤其是粗饲料，加工会防止动物从不同规格的饲料中挑食喜吃的饲料。

利用自动化的饲喂系统加工饲料可以减少饲料的贮存、缩水时间，通过对特定的饲料进行加工，也可减少饲料处理设施的应用。就如同打捆苜蓿干草和苜蓿干草颗粒之间的对照一样。对于谷物，因为增加的处理可能导致贮存问题，加工也许弊大于利。

5.1.5.2 干加工方法

（1）研磨。

干式滚筒碾压研磨也许是最古老和最便宜的加工饲料的方法。磨碎后饲料的颗粒大小由锤式粉碎机的筛网大小所决定。产生的产物大小范围可由颗粒至极细的粉末。粗糙的玉米碎粒也可以通过滚筒碾压机加工。研磨谷物的颗粒大小或材质依赖于玉米的流速以及滚轮间和滚轮齿槽间间隙的设定。

对于细的研磨谷物牛吃起来并不可口，因而牛的采食量减少，导致牛的增重降低，减少了饲料的饲喂价值。这种现象在高精饲料日粮中比在高粗饲料日粮中更为突出。

（2）挤压

挤压是把干燥的谷物通过逐渐变细的螺旋孔，因为摩擦和压力，谷物的温度升高到93℃或更高。当谷物由出口出来时，就产生了带状物质，这个带状物质分解为1毫米厚的薄片。如果片状物质破碎的很多，导致大量粉面，可以通过在谷物进入螺旋孔前加水来解决。

挤压谷物的饲喂值与蒸汽制片谷物相似。挤压谷物相比蒸汽制片的一个优势是两种或更多种谷物在加工前能混合在一起，因而产生了质量非常统一的产物。对于蒸汽制片，因为两种不同籽实谷物的蒸汽时间和滚筒设置不同，很难把两种谷物（如玉米和高粱）结合在一起。

（3）制颗粒谷物。

各种粗饲料以及高蛋白饲料可以制成颗粒，以颗粒的形式饲喂给牛。所有饲料在制颗粒前必须研磨成极细的粉末。

颗粒饲料有各种优点。牛不能从中挑食喜欢吃的饲料。再者，各种饲料成分可以混合在一起，制成全价日粮进行饲喂。如果制成的颗粒足够硬，就可以减少灰尘问题和刮风时对饲料带来的损失。

尤其是在放牧条件下，牛需要补充物时，方便和实用的饲喂牛的方式之一就是饲喂颗粒或块状饲料。所需的颗粒饲料的大小可通过改变机器的模具来实现。

谷物制颗粒的费用会比其他加工方法要高。与研磨或粉碎谷物相比，饲喂制颗粒的谷物给牛，其增重不提高或提高很小。

制颗粒的粗饲料，如太阳晒干的苜蓿干草颗粒，比打捆的或切割的粗饲料更加易于处理，需要的贮存空间也更少。对于机械化饲养的牛舍，颗粒料比打捆的，灰尘很大的饲料更有优势。

一般不推荐给牛饲喂全颗粒饲料的日粮，除非饲养期少于 90 天或每头每天给牛加入 0.9 千克切割干草或相似的饲草。这里的全颗粒饲料包括把精粗饲料混合在一起做成的颗粒饲料和精粗饲料分别做成颗粒饲料再混在一起。给肉牛饲喂全颗粒料效果不好的原因尚不清楚。可能是日粮中缺少粗糙物质来擦洗瘤胃壁，也可能是由于瘤胃发酵过快的原因。

（4）烘烤给整粒干谷物加热的机器称为烤炉。

在该加工过程中有一定量螺旋加料器把谷物从料斗推进烘烤滚筒中。转动的烘烤滚筒内的翅片把谷物提起又通过火焰倒下，一瞬间谷物在 148.9℃ 的高温火焰中直接接受一次脉动加热。这样，谷物在滚筒内要反复脉动加热 160 ~ 190 次。最后穿过滚筒从溜槽滑出的谷物饲料就带有面包一样的棕黄色。并略带焦糖味，烘烤加工后的谷物比原来的重量要减少 10%。这种设备的生产能力为每小时 3 吨。

玉米粒、高粱粒、大麦粒和大豆都可用这种方法加工。每吨谷物的加工成本与蒸汽制片差不多。

根据部分研究结果，与未经烘烤加工的玉米粒对比，使用烘烤加工后的玉米饲料能提高日粮的饲养价值约 10%，并使肉牛增重提高 5% ~ 14%。

（5）爆花。

这种加工方法是把干燥的谷物（主要是高粱、玉米和小麦）放入一个大的机器，加热谷物到非常高的温度（371 ~ 426℃）15 ~ 30 秒。高温导致谷物内的水分蒸发，使谷物胶化，扩张了淀粉的微粒。爆花的谷物很容易吹送至滚筒碾压机。爆花机可使近 40% ~ 50% 的干燥谷物爆花，未爆花的谷物通过滚筒碾压机时被磨碎。磨碎后的谷物饲料具有与爆开的饲料相同的营养价值。如果在肉牛食用前往爆花的谷物上加些水分，其饲养效果可与制片谷物相比。

爆花的费用大约为 3.35 ~ 10 元 / 吨，因为所需的动力和装备维持费用都较小，因此加工费用比制片加工略微便宜。大型爆花机的生产率可达到每小时 3 ~ 4 吨。

（6）微粒化。

这种加工方法是通过红外线发生器将谷物加热至接近149℃。产生的热量会使含水量减少到大约 7%。微波之后，谷物进入Knooling（诺林）轧机，轧轮上刻有呈对角线方向的螺旋形槽，平行地对谷物施加压力。轧出的谷物碎渣很像蒸汽制片谷物，只是碎渣中微粒占的比例较高。但其谷物的淀粉很少胶化。

微粒化谷物的饲喂值比蒸汽压片谷物的饲喂值略低或接近相同。数据显示饲喂微粒化谷物的牛的性能和日粮中粗饲料的比例有关。这也说明饲料的细度是饲料采食量和动物性能的因子之一。

5.1.5.3 湿加工方法

在最近几年，人们对高湿谷物的应用已经产生了很大的兴趣，尤其是玉米和高粱。从最初的装备投资的观点来看，这种加工方法相对便宜。对许多制作、收获和饲喂自己的谷物给牛的饲养者来说，这种方法非常可行。贮存高湿谷物的合适的湿度范围在26% ~ 30%。谷物越干燥，加工越复杂。当含水量小于 25% 时，推荐在谷物被磨碎时加水效果最好。含高水分的玉米、高粱和大麦等谷物的饲养价值比干法研磨稍高，饲喂效率也有改善。与干磨的玉米相比，磨碎的高水分玉米能提高饲养效率 5% ~ 15%，肉牛增重也相应增加。

（1）蒸汽碾压。

这一加工程序始于 20 世纪 30 年代。在谷物到达碾压机之前，对谷物瞬间施加蒸汽。谷物的含水量通常增加 1% ~ 2%。因为蒸汽容易渗透进入燕麦和大麦表皮，因此它们比玉米、高粱和其他谷物更适于这种加工方法。

蒸汽碾压谷物的饲料值很少比干式碾压谷物高。如果要提高饲料值，对谷物应用蒸汽的时间必须延长超过 1 ~ 2 分钟。

（2）蒸汽制片。

这一方法是利用重力方式使谷物填满加长的蒸气室，施加高湿蒸汽足够时间使谷物的含水量增加到 18% ~ 20%。在蒸气室内谷物的滞留时间依赖于谷物类型和其含水量。通常玉米的滞留时间是 10 ~ 20 分钟，高粱为 15 ~ 30 分钟。小麦、大麦和燕麦比玉米所需时间稍短，在 6 ~ 10 分钟。

当谷物被蒸汽处理以后，它们由重力作用到达蒸气室的底部，那里有两个不锈钢的滚轮。两个滚轮之间的间隙设置依赖于谷物类型、滚轮的沟槽和要求的谷物片的厚度。生产效率也被滚轮的间隙设置所影响。对于高粱，通常的滚轮间隙为大约 0.51 毫米，玉米为 0.78 ~ 2.1 毫米。

蒸气室的容积应接近滚筒碾压机容积的 1/3。因此，如果滚筒碾压机的产量是每小时生产 3 吨薄片，那么蒸气室的容积为 1 吨。

蒸气室直接位于滚筒碾压机的上面，以便启动机器就可以连续运作。

水分、热量和压力正确结合导致谷物的物理和化学变化。谷物蒸汽制片时的主要化学变化是淀粉分子的破裂，称为胶化。淀粉胶化的程度是增加谷物饲喂价值的重要因子之一。然而，过度胶化会减少动物的生产性能和饲料的饲喂价值，也可能导致肉牛酸中毒。研究显示，饲料的 30% ~ 50% 胶化最为理想。

谷物在被碾压前进行加压蒸汽处理时，加工的谷物就是压力蒸汽制片，或压力制片。整个谷物蒸汽的时间是 1 ~ 2 分钟。

制片谷物从碾压机出来时温度可超过 93.3℃，含水量可达 16% ~ 20%。因此，如果加工的谷物在饲喂前贮存几小时，就需要利用带有通风装置的传送带。

蒸汽制片谷物的最好结果是每蒲式耳加工产物在风干条件下

（含 10% 水分）重量在 10 ～ 12.8 千克。比这一重量轻显示淀粉过度胶化。

当饲喂高精料日粮给肉牛时（精料占 90% 以上），薄片比厚片好。在高精料日粮中加入薄片玉米比加入厚片玉米可增加肉牛增重 4% ～ 5%，并提高饲料效率 8% ～ 10%。然而，在低精料水平时（60% ～ 80%），薄片与厚片有很小或没有区别。

蒸汽制片已经在肉牛日粮方面，提高高粱的饲喂价值产生了巨大的冲击。现在大多数用高粱作为主要精料的育肥人员都采用蒸汽制片方法加工高粱。玉米的饲喂价值也有所增加，但不像高粱那样显著。与研磨高粱相比，蒸汽制片可提高饲喂效率 5% ～ 10%。然而，饲喂制片玉米肉牛增重与饲喂研磨玉米相近。

对于高精料日粮，当用片状高粱代替研磨高粱饲喂给肉牛时，每天的饲料消耗率增加 5% ～ 10%。然而，用片状玉米代替研磨玉米，肉牛每天的饲料消耗率降低了 5% ～ 10%。当前饲喂蒸汽制片高粱的肉牛饲养员能获得饲喂研磨玉米给牛一样的增重，并且饲喂效率相同。

（3）浸泡。

此种方法适用于极硬和极脆的谷物，这种谷物用水浸泡后能够软化其蜡质外壳和胚乳。如果谷物在饲喂前浸泡超过 24 ～ 36 小时，饲料就会发酵。

在水中浸泡 12 ～ 24 小时，可以暂时增加肉牛对谷物的消耗。然而，不对浸泡的饲料进行粉碎或深加工而连续饲喂浸泡饲料不会增加饲料值或动物性能。往非常干的日粮中加水效果并不明显，因此，对干饲料浸泡会有很小的优势。

（4）发芽。

发芽的饲料（主要是谷物），主要用于冬季或没有新鲜的粗饲料时饲喂家畜。它们富含许多维生素和矿物质，但发芽饲料的能量值很低。是否对谷物发芽处理，应比较饲料的发芽费用和发芽饲料的饲养价值来决定。

（5）湿法爆破。

湿法爆破是将干燥的谷物放入高强度材料制成的高压容器中，在 17.31 千克/平方厘米的蒸汽压力下加压 20 秒，然后突然解除压力，谷物就会瞬间膨胀为球状，此时的体积比原来大 30% ~ 40%。各种谷物都可用此法加工，但尤其是高粱的膨化效果最好。

至今还没有得到用这种方法加工出来的谷物的饲养价值。根据描述的加工方法和最终产品的物理特性，其饲养价值可能与用爆花法加工出来的谷物相似。

5.2 育肥肉牛场建设实践

5.2.1 黄贮窑建设

5.2.1.1 青贮饲料窑容积

收购玉米秸秆饲草料的数量决定青贮饲料窑的容积，青贮饲料窑的容积和饲草料的数量决定育肥肉牛的规模。根据基础数据调查结果，参考 2014—2016 年三年玉米秸秆收购实验统计，收购数量在 12 000 ~ 20 000 立方米之间，需购置联合收割机确保收购 20 000 立方米青贮饲料。

5.2.1.2 青贮饲料窑布局

青贮饲料窑布局影响饲草收购数量，也影响饲草贮存质量，设计要考虑这些因素。

（1）青贮饲料窑长度。

根据青贮饲料窑使用实际需求，结合两地地形情况，青贮饲料窑长度设计为 90 米。

（2）青贮饲料窑宽度。

青贮饲料窑贮存青贮饲料暴露在空气中的时间不能超过 2 天，否则会氧化腐烂。为了保证青贮饲料不氧化腐烂，青贮饲料窑设计的宽度越狭窄越容易保证青贮饲料的质量。但是狭窄的青贮饲料窖占地面积大，造价成本高，且不便于使用。因此，青贮饲料窖的宽度设计是受饲养牛的数量限制的，是根据取草进度来确定的。育肥肉牛数量多，可以适当加宽，数量少则相反，但宽度不能低于取草机宽度的 1.5 倍。由于取草机取草深度是 0.4 ~ 0.5 米，也就是说每天的取草深度不会低于 0.5 米。在养殖 2 700 头牛（最大规模）情况下，青贮饲料窖的设计宽度应该是 25 ~ 30 米，此处取最小值 25 米。

因此，按照 16 000 立方米容积来计算，通过增加贮料高度可以增加到 20 000 立方米。根据地形实际情况，且结合养殖过程中数量变化情况，设计三个青贮饲料窖，长度均为 90 米，宽度分别为 10 米、25 米、10 米。最大养殖规模情况下开启 25 米宽度的青贮饲料窖，平常情况下开启 10 米宽度青贮饲料窖。

（3）青贮饲料窖间距。

青贮饲料窖的间距设计越宽越便于收购青贮饲料，也有利于绿化面积提高，但会造成占用面积过大。青贮饲料窖间距宽度以不堵塞运输，便于收购为最低间距标准。按照秸秆粉碎机实施作业，在一辆正在粉碎作业的三轮运输车的同时，还能通过一辆满载的饲草三轮运输车的宽度来计算。

满载的饲草三轮运输车的宽度是 5.0 米，正在粉碎作业的三轮运输车最大宽度也是 5.0 米，加上粉碎机的长度 1.5 米，根据交错作业布局，青贮饲料窖间距设计不能小于 10 米，最大宽度 12 米。

青贮饲料窖前面通路需要保证满载三轮车和空三轮车通行，其设计宽度是 8.0 米。

（4）青贮饲料窖深度。

青贮饲料窖的深度取决于取草机取草高度。当前取草机取草最大高度有 4 米和 5 米两种，青贮饲料窖设计 4 米深度，收饲草时通过顶部加高可达到 4.5 ~ 5.5 米。因此青贮饲料窖深度设计为 4 米。

（5）青贮饲料窖平面布局。

根据以上四个方面分析，青贮饲料窖平面布局如图5-1所示。

	8 米宽通路
8 米宽通路	10 米宽黄贮窖
	12 米宽通路
	25 米宽黄贮窖
	12 米宽通路
	10 米宽黄贮窖
	8 米宽通路

图 5-1　黄贮窖平面设计图

（6）黄贮窖钢筋混凝土作业方量。

地基设计为宽0.8米，高0.4米，围墙设计底宽0.6米，顶宽0.25米。根据受力情况，在顶部0.3米处布置纵向钢筋，另外每平方米设置4根横向钢筋。围墙横断面如图5-2所示。黄贮窖底部混凝土0.2米厚，混凝土作业方量是1 170立方米，黄贮窖围墙钢筋混凝土作业方量为1 273立方米，黄贮窖钢筋混凝土作业方量是2 443立方米。

图 5-2　黄贮窖围墙横断面设计图

（7）黄贮窖挖土方量计算。

采用半挖半填方式作业，黄贮窖半挖，通路半填，设计黄贮窖边缘高于地面 0.3 米，以防止雨水灌入青贮池。计算结果：黄贮窖基坑挖深 2.30 米，通路填高 1.80 米，黄贮窖基坑挖方量是 10 142 立方米，通路填方量 8 972 立方米，基坑回填量 1 170 立方米。

5.2.2 牛舍建设

5.2.2.1 牛舍数量

建 2 700 头育肥肉牛规模育肥肉牛牛舍，每个牛舍养殖 100 头肉牛，需建 27 个牛舍（另建一个隔离牛舍共 28 个），一期先建 17 个，后期扩建 10 个。

5.2.2.2 牛舍布局

（1）方向位置：牛舍以坐北朝南布置。

（2）整体布局：如图 5-3 所示。

图 5-3　放样坐标点分布图

（3）牛舍放样坐标：参见表 5-1。

表 5-1　牛舍放样坐标表

FID	x	y	FID	x	y	FID	x	y
0	729 275.5 114	3 922 288.457	33	729 305.5 478	3 922 139.644	66	729 209.6 453	3 922 156.676
1	729 287.5 694	3 922 287.863	34	729 309.0 178	3 922 210.042	67	729 206.1 753	3 922 086.278
2	729 284.0 994	3 922 217.465	35	729 327.1 048	3 922 209.15	68	729 194.1 173	3 922 086.872
3	729 272.0 414	3 922 218.059	36	729 339.1 628	3 922 208.556	69	729 197.5 873	3 922 157.27
4	729 275.5 114	3 922 288.457	37	729 335.6 927	3 922 138.158	70	729 268.9 283	3 922 133.391
5	729 293.5 982	3 922 287.565	38	729 323.6 348	3 922 138.752	71	729 280.9 862	3 922 132.796
6	729 305.6 562	3 922 286.971	39	729 327.1 048	3 922 209.15	72	729 277.5 162	3 922 062.398
7	729 302.1 861	3 922 216.573	40	729 251.8 446	3 922 154.595	73	729 265.4 582	3 922 062.993
8	729 290.1 282	3 922 217.168	41	729 263.9 026	3 922 154.001	74	729 268.9 283	3 922 133.391
9	729 293.5 982	3 922 287.565	42	729 260.4 326	3 922 083.603	75	729 287.015	3 922 132.499
10	729 311.6 851	3 922 286.674	43	729 248.3 746	3 922 084.197	76	729 299.073	3 922 131.904
11	729 323.7 431	3 922 286.08	44	729 251.8 446	3 922 154.595	77	729 295.6 029	3 922 061.507
12	729 320.2 731	3 922 215.682	45	729 233.7 616	3 922 155.487	78	729 283.545	3 922 062.101
13	729 308.2 151	3 922 216.276	46	729 245.8 196	3 922 154.892	79	729 287.015	3 922 132.499
14	729 311.6 851	3 922 286.674	47	729 242.3 496	3 922 084.494	80	729 305.1 019	3 922 131.607
15	729 329.7 721	3 922 285.782	48	729 230.2 916	3 922 085.089	81	729 317.1 599	3 922 131.013
16	729 341.8 301	3 922 285.188	49	729 233.7 616	3 922 155.487	82	729 313.6 899	3 922 060.615
17	729 338.36	3 922 214.79	50	729 215.6 772	3 922 156.378	83	729 301.6 319	3 922 061.209
18	729 326.3 021	3 922 215.384	51	729 227.7 351	3 922 155.784	84	729 305.1 019	3 922 131.607
19	729 329.7 721	3 922 285.782	52	729 224.2 651	3 922 085.386	85	729 132.3 957	3 922 058.914
20	729 272.8 441	3 922 211.825	53	729 212.2 071	3 922 085.98	86	729 258.933	3 922 052.74
21	729 284.9 021	3 922 211.23	54	729 215.6 772	3 922 156.378	87	729 162.2 291	3 922 185.264
22	729 281.4 321	3 922 140.833	55	729 161.4 161	3 922 159.053	88	729 161.2 385	3 922 165.167
23	729 269.3 741	3 922 141.427	56	729 173.4 741	3 922 158.458	89	729 264.2 062	3 922 160.092
24	729 272.8 441	3 922 211.825	57	729 170.004	3 922 088.06	90	729 265.1 921	3 922 180.188
25	729 290.9 309	3 922 210.933	58	729 157.9 461	3 922 088.655	91	729 162.2 291	3 922 185.264
26	729 302.9 889	3 922 210.339	59	729 161.4 161	3 922 159.053	92	729 157.0 473	3 922 083.577
27	729 299.5 188	3 922 139.941	60	729 179.5 004	3 922 158.162	93	729 156.3 034	3 922 068.392
28	729 287.4 609	3 922 140.535	61	729 191.5 583	3 922 157.567	94	729 259.4 409	3 922 063.309
29	729 290.9 309	3 922 210.933	62	729 188.0 883	3 922 087.169	95	729 260.1 442	3 922 078.491
30	729 309.0 178	3 922 210.042	63	729 176.0 303	3 922 087.764	96	729 157.0 473	3 922 083.577

续表

FID	x	y	FID	x	y	FID	x	y
31	729 321.0 758	3 922 209.447	64	729 179.5 004	3 922 158.162			
32	729 317.6 058	3 922 139.05	65	729 197.5 873	3 922 157.27			

5.2.2.3 地基与墙体

基深 8 ~ 100 厘米，砖墙厚 20 厘米，双坡式牛舍脊高 4.0 ~ 5.0 米，前后檐高 1.0 ~ 3.5 米。牛舍内墙的下部设墙围，防止水气渗入墙体，提高墙的坚固性、保温性。

5.2.2.4 牛舍面积

单个牛舍长 70 米，宽 12 米，牛舍间距 6 米，单个牛舍占地 12 米 × 70 米 =840 平方米，建设 27 个牛舍，牛舍面积 840 平方米 × 27 个 =22 680 平方米。

5.2.2.5 牛舍墙体

每个牛舍挡风墙长 70 米，高 1 米，厚 0.2 米。

5.2.2.6 牛床和饲槽

肉牛场多为群饲通槽喂养。牛床一般要求是长 1.6 ~ 1.8 米，宽 1.0 ~ 1.2 米。牛床坡度为 1.5%，牛床端位置高。饲槽设在牛床前面，以固定式水泥槽最适用，其上宽 0.6 ~ 08 米，底宽 0.35 ~ 0.40 米，呈弧形，槽内缘高 0.35 米（靠牛床一侧），外缘高 0.6 ~ 0.8 米（靠走道一侧）。为操作简便，节约劳力，应建高通道，低槽位的道槽合一式为好。即槽外缘和通道在一个水平面上。牛床与饲槽横断面如图 5-4 所示。

挡风墙　饲槽　通道　饲槽　挡风墙
粪尿沟　牛床　　　　　牛床　粪尿沟

图 5-4　牛床与饲槽横断面图

5.2.2.7 通道和粪尿沟

对头式饲养的双列牛舍，中间通道宽 3 米（含料槽宽）。

粪尿沟宽应以常规铁锨正常推行宽度为易，宽 0.25 ~ 0.3 米，深 0.15 ~ 0.3 米，倾斜度 1：50 ~ 1：100。

墙体、牛床、饲槽、通道和粪尿沟横断面（比例尺 1：100）如图 5-5 所示。

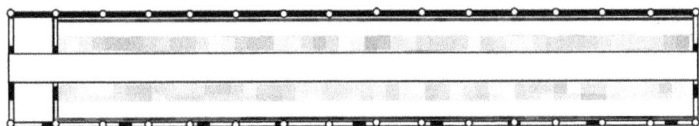

图 5-5　牛舍棚俯视图

南北向侧视图（比例尺 1：500）如图 5-6 所示。

图 5-6　牛舍棚南北向侧视图

5.2.3　附属设施

5.2.3.1　饲料（草）运输道路

饲料运输路线与排泄物运输路线分开，防止饲料污染和疾病传染。饲料运送路线设计示意图如图 5-7 所示。

图 5-7　饲料运输路布局示意图

5.2.3.2 排泄物运输道路

排泄物运输道路设计示意图如图 5-8 所示。

图 5-8　排泄物运输路布局示意图

5.2.3.3 供水系统

泵房位于磅房正南侧，配置柴油发电机在停电时给水泵供电，以备停电时供水不中断。供水系统布局设计示意图如图 5-9 所示。

图 5-9　供水系统布局示意图

5.2.3.4 粪尿沟

粪尿沟布局设计示意图如图 5-10 所示。

图 5-10　粪尿沟布局示意图

5.2.3.5 排水系统

从 2016 年 7 月 19 日降雨情况来看，必须设计雨水池作为防洪措施，雨水排到雨水池，达到水位后排到养殖场外。另配备 1 ～ 2 台水泵作为防洪用。如图 5-11。

图 5-11　排水系统布局示意图

5.2.3.6 消防系统

结合供水系统实施，另配备一定数量的灭火器。

5.2.3.7 监控系统

设置监控室，每个牛舍设置 1 个摄像头，办公区和 3 个大门各设置 1 个。

设置门禁系统，门的开放需要人脸与指纹识别打开，用于考勤。

5.2.3.8 环保系统

使用六池净化将尿液净化，尿液还田。

6　蚯蚓养殖与建设实践

蚯蚓养殖主要是为了与育肥肉牛和有机蔬菜种植形成良好的生态循环体系，即一方面利用牛粪进行蚯蚓养殖，另一方面将蚯蚓生产的有机肥料用以有机蔬菜种植，从而形成一个完整的生态循环体系，达到充分利用资源、降低生产成本，提高经济效益的目的。

6.1　蚯蚓养殖技术

6.1.1　蚯蚓养殖方法

蚯蚓的养殖方式有多种，选择哪一种方式最合适要根据不同的养殖目的和物质条件来决定，因地制宜。蚯蚓的饲养方法主要有室内养殖、田间放养以及工厂规模化养殖3种。

6.1.1.1　蚯蚓室内养殖法

室内养殖包括箱养、坑养、池养和棚养等方法。一般适养红蚯蚓。

（1）箱养法。

可用箱、筐、盆、缸、桶等，适于饲养爱胜属蚯蚓，如赤子爱胜蚓、日本引进的大平二号、北星二号等红蚯蚓。

箱和筐养：可利用包装箱、纸箱或塑料箱、柳条筐、竹筐等养殖。箱、筐的面积不超过1平方米。养殖箱的底部和侧面均应有排水、通气孔。排水、通气孔孔径为0.6～1.5毫米。气孔的总面积一般占全部箱壁面积的 15% ~ 40%，养箱内投放的饵料厚度以 20 厘米最经济适宜。在饵料的上方，需留 5 厘米的空间。箱上加盖塑料薄膜以保持相对湿度和温度。在箱子下面可垫一层塑料布，防止蚯蚓从通气孔钻入地下逃逸。

盆养：可利用花盆等器饲养。适合养殖赤子爱胜蚓、微小双胸蚓、背暗异唇蚓等。

一般的花盆等容器，可饲养赤子受胜蚓 10 ~ 70 条。盆内所投放的饵料不要超过盆深的 3/4。这农牧殖方式，盆内土壤或饵料的温度和湿度容易发生变化，需要注意掌握。

缸养：在缸底钻 1 ~ 2 毫米圆孔用于排水，铺上 10 厘米厚的饲养土。

箱式立体养殖：将相同规格的饲养相重叠起来，可以进行立体集约化养殖，这是目前常采用的养殖方式之一。

先做好木箱与架子。架子可用钢筋、角铁焊接或用竹、木搭架，也可用砖、水泥板等材料建筑垒砌。养殖箱长 50 厘米、宽 35 厘米、高 25 厘米左右，放在饲养架子上，一般放 4 ~ 5 层。

在箱中垫 10 厘米以上松土，上面加盖透气的防逃网。养殖时，注意通风换气、调节温度与土壤湿度，保持土壤的清洁与室内卫生。

（2）坑养及池养法。

包括土坑、砖池、旧猪圈、房檐下、墙脚边、屋角一切可利用的地方，均可用砖、石砌成养殖池。除爱胜蚓属（红蚯蚓）外，还可适宜养青蚯蚓。

池养：可利用阳台、屋角等闲置地方，建池养殖。也可利用旧猪圈改成养殖池放养。

在室内用砖砌成 5 平方米大小的方格池，高 25 厘米左右，垫上 10 厘米以上松土。或建成长 2 米、宽 2.5 米、深 0.4 ~ 0.5 米的池，或按行距 0.5 米左右一个挨一个地排列建造。

如果地下水位较高，可不挖池底，在地上用砖直接垒池。如果地势高而干燥，可向下挖 40～50 毫米深池，以利用保持池内的温度和湿度。

沟槽养殖：选择背风遮阴处，开挖沟槽养殖。沟槽长 10 米，宽 2 米，深 60～80 毫米。沟的上面一侧稍低，一侧稍高，有一定的倾斜度。

沟底铺 15 厘米厚的饲养土，沟上用薄膜、竹帘、塑料板等防雨材料等覆盖，可放养 3 000～5 000 只蚯蚓。沟的表面四周应开好排水沟，沟底饲养土堆放成棱台形，以排水。

槽养：这是一种比较简便的养殖方式，只是需修建养殖槽，其形状、大小可因地制宜，室内和室外均可筑建。一般来说，养殖槽不宜太宽，以 1.2 米为好，既便于投饵，又有利于蚓粪的回收。养殖槽的长度可在 1.8 米左右，但高度应离地面 40 厘米，材料可选用砖、木、石、水泥板等。槽墙不必砌得太严，蚯蚓是不会逃跑的。槽底部可选用利于排水的沙砾等，厚度有 10 厘米即可。

养殖槽建成后，可填放饵料，厚度不超过 20 厘米。上面再加盖一层杂草，适当淋上一些干净水就可以放养种蚓了。如果是露天养殖，遇下大雨时，要把养殖槽遮盖，以免池中积水。

（3）封闭室内养殖法。

半地下室养殖：选择背风、干燥的坡地，向地下挖 1.5～1.6 米深、2.5 米宽、长度自定的沟。沟的一侧高出地面 1 米，另一侧高出地面 30 厘米，形成一个斜面，斜面用双层塑料薄膜覆盖。

地下窖养殖：利用人防工事、防空洞、地洞、地坑或土窖等阴暗潮湿保温的地点进行养殖。

塑料棚室养殖：可利用现有的冬季暖棚、温室养殖蚯蚓。

室内多层床养殖：多层床养殖可以克服立体养殖箱通风不良的缺点，而且更便于日常管理。方法是：像搭蘑菇高床一样，可在室内两侧制作木架、铁架或水泥架作养殖床。床宽为 1 米，高 2.5 米，共 5 层，每层高 0.5 米。养殖箱的形状为长方形，用窗纱作底，箱上盖塑料薄膜。如不做养殖箱，直接在床架上堆放饵料进行养殖也行，但床边必须用木板或砖砌挡住，床底要通风透气。

6.1.1.2 田间放养蚯蚓法

适宜于桑园、菜园、果园、苗圃、饲料田、多年生经济植物、林区，以及灌溉方便、水分充足的肥沃农地养殖。一般适养青蚯蚓。

（1）养殖床养。

在地面上直接铺饲养土做成养殖床，养殖床面积 5～6 平方米大小，四周设宽 30 厘米、深 50 厘米的水沟，既可排水，又可作防护沟。每养殖床之间留一走道，每隔 2 个养殖床开一排水沟。在养殖床饲料面上用稻草或麦草覆盖。保持湿度 60%～70%。雨天用塑料薄膜盖好，防止雨水浸泡。

（2）露天堆料养殖。

选择地势较高、靠近水源又不积水的平地作养殖场；利用马、牛、羊粪或其他畜禽粪便，再加入 30% 的干草料、拌匀、堆沤、发酵而成；将堆制好的饲料调节好湿度后，铺于选定的地点，堆料宽 1～1.2 米，厚 15 厘米。均匀投入含卵块及幼蚓的蚓种，盖好稻草，遮光保湿，就可养殖。上面再覆盖厚 5 厘米的堆料；用薄膜覆盖；用网目 3 毫米的尼龙网围护，或挖水沟围护。

露天堆肥养殖是大规模生产蚯蚓产品的好方法，不须任何投资设备，操作方便，省去了堆制发酵一系列工作，饵料保持养分不受损失，提高了蚯蚓生长速度，易于在农村推广应用。此法也有其缺点：一旦饵料发热，蚯蚓死不见尸，夏季连雨天及暴雨过后，床内不透气，有外逃现象。避免方法是让每个养殖床都有新饵料。饵料搞堆块状，为蚯蚓创造良好自下而上条件。此种方法的关键是要使饵料保持含水量在 60%～70%，不可过干过湿，否则饵料就会发热造成死亡。

（3）园林与田间养殖。

选用地势比较平坦，能灌能排的桑园、菜园、果园或饲料田，沿植物行间开宽 35～40 厘米、深 15～20 毫米的沟槽，施入腐熟的畜禽粪、生活垃圾等有机肥料，上面用土覆盖 10 厘米左右，放入蚯蚓进行养殖。沟内应经常保持潮湿，但又不能积水。这种养殖方式不宜在种植有柑橘、松、枞、橡、杉、桉等园林中开沟放养。

投放数量视蚓种和个体大小而定。行间可种植绿肥或青饲料，每隔 5 行开一排水沟。含水量保持 30% 左右。

6.1.1.3 工厂规模化养殖蚯蚓法

主要用于赤子爱胜蚓的大规模养殖。

这种养殖法，必须有一定的专用场地和设施，包括饲料处理场、控温车间、养殖床、卵茧孵化床、蚯蚓加工车间、肥料处理及包装车间、成品化验室和成品仓库等一整套设备。当然，也可采用分散养殖、集中处理的方法。如养殖部分，可分给集体或个人进行养殖，而工厂集中成品处理或加工。下面着重介绍养殖设施。

（1）饲料处理场：包括饲料的堆积发酵或分选粉碎之用，面积大小视规模而定。

（2）养殖车间：可采用砖木结构，也可采用塑料大棚。温度控制在 18℃～28℃。如条件不允许可以采用土法保温，但最低不能低于 5℃。最高不能高于 32℃。这样的温度虽然增殖速度受到一定的影响，但成本不高。控温设备，冬季可利用锅炉暖气、太阳能热水器或其他工厂的余热进行保温。夏天可通过通风、喷水、缩小养殖堆等措施降温。养殖车间的宽度以 4～5 米为宜。塑料大棚宽约 7 米，长根据需要而定，如 30 米、60 米或 100 米，高 2 米为宜。

（3）养殖床：宽以 1.5 米为宜，一边砌一高 40 厘米的矮墙，近走道一侧设高 10 厘米的小埂，床面稍倾斜，里高外稍低有利于饲料中多余水排出。养殖床四周设宽 25 厘米、深 25 厘米的水槽，供排水和预防鼠类、蚁类危害，两床之间留 1.2 米的走道。

在养殖车间内，可在两床的外侧设饲料发酵池，冬季可放入新鲜马、牛、猪粪,利用发酵热提高棚温,夏季则作卵茧孵化床之用。

6.1.2 蚯蚓的饲料与投喂

6.1.2.1 蚯蚓饲料的种类

蚯蚓对食物的要求不严格,凡无毒的植物有机质、作物秸秆、杂草、树叶、木屑、瓜果皮、菜叶、厨房杂物、家畜粪便、造纸厂废渣、纤维,或食品厂下脚料、城市生活垃圾经发酵腐熟后均可作蚯蚓的食物。蚯蚓特别喜欢吃甜食,比如腐烂的水果,亦爱吃酸料,但不爱吃苦料和有单宁味的料,盐料对它有毒害作用。

大平 3 号蚯蚓主要以牛粪为食,其次是猪粪。任何畜禽粪便、酿酒、制糖、食品、制纸和木材等加工的有机废料,如酒糟、蔗渣、锯末、麻刀、废纸浆、食用菌渣等;垃圾、生活有机废物都可以作蚯蚓的饲料。

6.1.2.2 饲料配方

由于不同的饲料所含营养成分以及碳氮比不同,不同的蚯蚓对饲料的取食,消化吸收率也不同。因此,为了养好蚯蚓,必须根据上述情况,对饲料进行科学配比(俗称配方)。做到就地取材、废物利用,减少运输及成本,饲料尽量多样,营养搭配合理,同时选用饲料混匀后要充分发酵,提高熟度和利用率。

配方实例:①牛粪 50%,纸浆污泥 50%;②牛粪 100% 或一切禽畜粪混合 100%;③牛粪、猪粪、鸡粪各 20%、稻草屑 40%;(注:鸡粪需要先用来养蛆后或放置 1 年以上才可以用来养蚯蚓,否则蚯蚓会全部逃走或死掉。)④玉米秸秆或稻草、花生杆、油菜杆单一或混合 40%,猪粪 60%;⑤马粪 80%、树叶烂草 20%;⑥猪粪 60%,锯末 30%,稻草 10%;⑦有机垃圾 70%,畜粪 30%;也可全部用垃圾 100%;⑧各种粪类 60%,甘蔗渣 40%;等等。

最佳添加剂:把干木薯片或稻谷、玉米打成粉后,拌入清水或洗米水、米汤等搅匀,即成添加剂(粉液比约为 1∶10),装进备用的底层穿孔成漏筛状的铁皮盒，均匀地摇洒入蚯蚓饲料中。换新料的当天淋添加剂液一次。以后隔 7 ~ 10 天再淋一次，如有红白糖、猪牛生血等共配浸溶液淋洒更好。

6.1.2.3 蚯蚓饲料的制备

（1）饲料的处理。

作物秸秆应切碎，垃圾应分选过筛，除去金属、塑料、玻璃等物，再粉碎；家畜粪便及木屑则不经加工可直接发酵处理。使蚯蚓爱吃的饲料细、软、烂，适口性好。

（2）饲料的发酵。

发酵是利用高温好氧性微生物和低温厌氧性微生物交替进行的生物学反应。通过发酵促进有机物质分解。发酵的难易和时间长短，与有机物的种类、水分含量和堆积方法有关。一般多种物质混合发酵容易，过干的物质发酵难；牛马粪发酵容易，稻、麦秸秆和木屑发酵难；因此，稻、麦秸秆和木屑应与牛粪、马粪、猪粪混合发酵，效果好、营养价值高。

（3）饲料发酵的操作方法。

其中以粪料占 60%，草料占 40% 左右的粪草混合物为最好。把经过处理的有机物质混合均匀、加水拌匀，含水量控制在 45% ~ 50%，堆积成梯形或圆锥形，高 1.0 ~ 1.5 米，外面盖塑料薄膜，以保温和保湿。经过 4 ~ 5 天，料温上升到 45℃以上，最高可以达到 60℃，经过 15 ~ 20 天后，温度又逐渐下降。如果上下翻倒一次继续堆放，温度又逐渐上升，然后再下降到常温，高温发酵即告结束。然后在料上喷水，使水分达到 60% ~ 70%，再继续低温发酵，经过 5 ~ 10 天已无臭味，并散发出清香味即可使用。

具体堆沤发酵方法：草 40%，粪 60%，草层厚 6 ~ 9 厘米，粪层厚 3 ~ 6 厘米。草和粪交替铺 3 ~ 5 层，再浇水，至堆高 1 米左右为止，太高不易翻堆，空气流通不好。温暖季节第 2 天温度逐渐上升，7 天后分解发酵。发酵高潮后逐渐降温，降到 50℃

左右第 1 次翻堆，翻堆时把四周和表层集中放在堆中间。半个月后第 2 次翻堆，使堆料全部腐熟。第 2 次翻堆后，隔 5 天、3 天、2 天再翻堆 3 ~ 6 次即可使用。

为了使这些废料快速发酵成功，并且使其中一些有毒有害物质降解，提倡添加 EM 菌进行发酵：喷洒 1 层 EM 菌液，1 吨料用 5 千克 EM 原液，1 千克 EM 原液对水 100 千克。边翻堆，边再洒上 EM 菌液。加入 EM 活性细菌发酵只需翻一次堆或不翻，发酵时间缩短一半以上。

发酵成功后的料堆，散热后即可以直接使用，也可以添加营养促食剂后使用，调制和添加营养促食物质的方法：以一立方米基料为例，取水 100 千克，加入尿素 2 千克、食醋 4 两、糖精 5 克、菠萝香精 4 盖，混合在水中溶解，先取 50 千克水泼在基料上，翻堆后再把另 50 千克水泼在基料上，过两天即可使用。

（4）发酵饲料的检查

发酵好的饲料使用前要进行检查，最主要的是进行 pH 值检查，简单的方法就是用 pH 试纸检查，饲料的 pH 值在 6.5 ~ 8.0 都可以使用。过酸时添加适量石灰；过碱时用水淋洗，这样有利于盐分和有害物质排除。也可用 0.01% ~ 0.5%（重量比）的磷酸二氢铵，使用前先用少量蚯蚓试用，如无不良反应可以大量使用。

6.1.2.4 饲料的投喂

养殖蚯蚓用的投料方法比较简单，可以分为田间饲养投料方法、坑养投料方法、工厂化饲养投料方法。

田间饲养投料方法比较简单，即在植物行间开沟，把发酵的有机肥料集在沟中，上面用土覆盖，保持含水量在 30% 左右。以后利用植物的落叶自然补充饲料。或隔 30 ~ 40 天再添加适量的发酵饲料。

坑养和温床饲养的投饲方法，是在坑、温床内分层加入饲料和土壤（肥土），一般分 2 ~ 4 层。

工厂化饲养的投饲，分轮换堆积法、表面添加法和侧面添加法。下面就工厂化饲养蚯蚓的投饲方法简述如下：

工厂规模化养殖，大多采用发酵的有机饲料，以饲养爱胜属蚯蚓为主。要求饲料含水量保持在65%—70%。投料喂食方法有轮换堆积喂食法、表面添加法和侧面添加喂食法。

（1）轮换堆积喂食法。

在饲养床的前端留2米空床位，然后在饲养床上堆积高40厘米、宽1.5米的发酵饲料，放养蚯蚓。当饲料消耗完时，可在前端空床位处铺新饲料，料堆上面覆盖一层4米2的铁丝网，网眼1厘米×1厘米。然后把邻近的旧料堆连蚯蚓一起移到新料堆的铁丝网上，再在空出的床位上铺新料。如此轮换堆积，采取一倒一的流水作业法，把全部饲养床的旧料更新完毕。

蚯蚓在自然光和灯光的照射下，自动钻入下层，然后用刮板将旧料刮取走一半，连同卵茧一同放入孵化床。继续刮取旧料，驱使蚯蚓向下通过铁丝网钻入新料堆中。当蚯蚓大部分钻入新料堆以后，提起铁丝网，把消化产生的蚓粪连同卵茧移入孵化床，以便孵育幼。

（2）表面添加喂食法。

当饲养床饲料已被消耗粪化后，在旧料表面添加10～15厘米厚的新饲料。消耗完后再添加5～10厘米新料，一般添加2次就不再添加。这种方法的优点是便于观察饲料的消耗情况，投饲料也比较方便。添加饲料次数不能太多，厚度不能太厚，否则下部过于紧实，通气性不良，不利于蚯蚓生长、卵茧孵化。甚至由于湿度过大，造成卵茧沤坏变质。

（3）侧面添加喂食法。

把饲养床分为两半，一半堆积饲料进行饲养，当饲料消耗完以后，在旧料的侧面添加新饲料。经3～4天，大部分蚯蚓移入新料中，幼蚓及卵茧则留在旧料中，可将其移入孵化床进行培育。

6.1.3 活体蚯蚓的保存与运输

6.1.3.1 活体蚯蚓的保存

活体蚯蚓的保存目的是以鲜活蚯蚓作饵料养殖特种水产，蚯蚓活体的保存一直是个大难题。下面两种方法可使蚯蚓保持 30 天以上不死亡。

（1）膨胀珍珠岩活体蚯蚓保存法。

膨胀珍珠岩是一种珍珠岩矿石经 1260℃左右的高温焙烧而制得的一种白色中性无机砂状材料，具有容重轻、导热系数小、低温隔热性能好、保冷性能佳、吸湿性小、化学稳定性强、无味无毒、不燃烧、抗菌耐腐蚀等特点。

方法：首先形成珍珠岩载体，即将膨胀珍珠岩放入容器内，加入适量高锰酸钾水溶液进行搅拌消毒后，用清水喷洒清除药液，然后拌入 1% 的碘型饲料防腐剂即成。然后，将体积为珍珠岩载体体积 50% ~ 70% 的消毒活体蚯蚓分批倒入其中，待前批蚯蚓钻入载体后再倒下批。等所有蚯蚓钻入载体内之后，将其置入 1℃ ~ 5℃ 的环境中保存。可保存活体 1 ~ 2 个月。保存温度不得低于 1℃，也不得高于 5℃，储存量低保存时间长，反之则短。

（2）活体蚯蚓冷水保存法。

首先将容器底部撒上一层增氧剂（每平方米约 40 克），然后放一层干净木炭，再在表面罩上一层尼龙网，在上面放上去皮后的老丝瓜瓤筋，高度为容器的三分之二。将绿藻塘水置入容器内进行漂白粉消毒（浓度为 2 毫克／千克），于室外放置 24 小时后再将消毒活体蚯蚓投入容器中，容器温度为 1℃ ~ 5℃，容器内的水位必须以全部淹没丝瓜瓤筋为准。可保活体蚯蚓 2 个月左右。

6.1.3.2 鲜活蚯蚓的长途运输

蚯蚓的商品性随着蚯蚓系列产品的开发而逐年增强，特别是蚓激酶的开发更加深了对其商品性的认识，因此，对蚯蚓的贮存和运输问题成了人们关心和需解决的问题。

1）常温下蚯蚓的贮藏和运输。

常温季节是蚯蚓生活的最佳状态，对蚯蚓的贮运不会有不利影响，包装也就较简便。运输蚓卵的包装箱内需要有一定的气孔率和含水率，以便透气、换气，也就是使层处于高容氧环境，否则极易引起厌氧腐败细菌的繁殖而导致卵茧坏死。下面是一种简便有效的运输方法，即菌化牛粪装运法。

牛粪的纤维丰富，有利于气体流通交换，其含水率适中，特别是它能在一定的空气湿度中恒定自身的含水率，这是其他畜粪所不具有的。但牛粪要经过净化、发酵、菌化等3个处理过程。

第一步，将鲜牛粪风干，去掉过多的水分，使其含水率降至30%以下。风干后将其抖落分散，呈松软和蓬松状。然后集成堆，严密地盖上塑料薄膜，在盖好的堆上安装电子消毒器进行消毒杀菌60分钟。

第二步，将已消毒的牛粪拌入少量消毒水，含水率约达60%，然后堆入发酵池或装入塑料袋中严封15天。当温度升至50℃～70℃时，发酵良好，可再将外层的牛粪翻到内部，继续发酵。当温度由高温降至常温时，发酵完毕，此时牛粪无臭、无菌、密度均衡、松软。

第三步，将发酵的牛粪拌入少量的菌种，于室内地上均匀地平铺15厘米厚，盖上纸，保持一定湿度。大约经7天如牛粪上有无数雪白的点状菌落，并闻到冰片似的清香气味，说明牛粪已菌化成功。如无菌落产生，则需重新拌菌种重新进行菌化处理，约15天后一般可菌化成功。

将菌化的牛粪轻轻搓散，以雾状喷水的方法洒入清水，边喷洒边搅拌，以使牛粪中含水率达40%左右。接着，把刚筛出的蚓卵按整个牛粪体积量的40%～60%量出，均匀地拌入菌化的牛粪中，随即装入塑料薄膜中，扎紧口袋，扎好透气孔，可装箱托运。但要注意以下几点：a.在常温季节，气温偏高或运输时间长时，蚓卵数量宜少，反之可多些。b. 木箱内装入蚓卵时必须留有 1 / 4 左右的空间，以确保箱内足够的空气供袋内交换。同样，气温偏高，留的空间应大些，反之可小些。c. 箱内留的空间应蓬松，可用吸水性强又有弹性的材料填满，以减少袋体在运输中的振动，同时起湿润作用。d. 每只包装箱不宜大于 0.1 立方米，货多可采用分批运输。此种方法运输蚓卵，时间可长达 30 天左右。不论是长途、短途、空运、海运，均可达到安全效果。

种蚓的包装运输对种蚓装运的安全系数要求高。例如大中蚓对湿度要求高，耗氧量相应亦大，从而箱内载体的含水率也应偏高，气孔率也偏大；而小蚓、幼蚓体弱，生理活动能量较低，对载体湿度及气孔率要求不像大中蚓那样高。运输的距离远、装运量大时，必须进行合理包装运输。

（1）分巢式载体的装运。

即按蚯蚓大、中、小等级别和所需生态条件的不同，进行对号选巢穴载体装运。这样，对于批量长途运输和长期贮存都安全可靠，甚至在长达数月的常温季节内不开箱也不会发生任何死亡现象，而且还会繁殖和正常生长。栖巢载体的制作：用于大中蚓栖巢载体的，在菌化的牛粪中掺入 3% 的豆饼粉和 5% 的面粉，拌匀，并加适量淘米水反复揉捏，使之达到可粘成团（含水率约 65%），用手捏成大小如鹅蛋的圆团，并滚上一层麦麸或存放 1 年以上的阔叶树锯末。用于小幼蚓栖巢载体的，将菌化牛粪中掺入适量营养液拌匀，并反复揉搓，抖落成含水率约为 40% 的泥状小块团（直径大小约 2 ~ 3 厘米）。

另外，在大小载体团之间必须有间隙，具有充分的空气含量和增氧、抗腐败细菌、通气换气等很强的生态缓冲作用，因而要有组合填充料。组合配方为：菌化牛粪中粗大纤维为 70%，菌化牛粪中的粉料 20%，营养载体 10%，长效增氧剂 0.1%（另加），然后将上述配料一起拌匀后，洒上少量清水，使其含水率为 30%

左右。

种蚓的换巢：如果少量包装不必换巢，在大批装运时，将大、小栖巢载体团按 7：3 的比例称量混合，同时倒入 30% 的填充料，装入蚓池或容器中，放入种蚓，使其迅速钻入载体。投放种蚓数量一般为每立方米 6 万条左右。投放后即加盖遮光，种蚓换巢约 24 小时。当开盖后发现蚯蚓全部钻入载体团块，就可进行包装了。如果短距离或装运量较少，可直接将载体装入塑料编织袋中，然后装箱即可。

如果用于长途或长时间批量运输，事先应将木箱钻一些透气孔，并在木箱内壁上粘贴上塑料编织布，然后直接将蚯蚓载体装入箱内，应留出 20 厘米高的空间，封盖即可运输。

（2）原巢的装运。

即原种蚓不经过换巢过程，直接连同原种培育盘，箱等容器一起包装运输。该方法简便，只要将盘中加换新的高蛋白载体即可将培育盘叠起来，上下盘拴牢即可交付托运。如是长途或长时间托运，则需另加外包装箱，并须定期向箱内喷洒清水或注入营养液。

包装箱运输注意事项：应摆放在通风处，绝不可放置在高温处或众多货物的中间部位。批量装运时包装箱应呈"品"字形码放，各层箱的间距不得少于 15 厘米。整个箱群不得盖得太严实，只要盖得能遮挡住中、大风雨即可。

（3）商品蚓的包装运输。

为满足特殊加工的需要，如蚓激酶制药就需要活体蚯蚓加工。在常温下，活体蚓可采取干运和水运两种方法。

干运法：以膨胀珍珠岩作为暂栖载体。将膨胀珍珠岩加温干燥后浸入营养液中，使其吸附一定营养物质和水分，就可作为营养载体。方法：先将长效增氧剂密封于塑料袋中，并在袋一面钻若干针孔，以供吸水、放氧之用。将其平放在不漏水的装运容器底部,有孔面向上。然后,将膨胀珍珠岩营养载体与软质塑料泡沫碎片拌匀倒入装运容器内,在容器上部留出20厘米空间。向容器内均匀喷洒水,约30分钟后,如容器底部积蓄约5厘米深的水,即可投入商品活蚓了。投蚓量可按每立方米40～60万条计算(视气温高低而定)。

水运法:是一种将商品蚓贮于清水中进行运输的一种可靠方法。关键在于水质问题。将消毒的自来水盛于容器中夜露一晚,使其释放掉所有氯离子。然后,按0.0025%的浓度投入长效增氧剂,随即按每立方米水体60～100千克的比例投入商品蚓。最后调节水位至容器口沿下30厘米处即可封盖托运了。该方法一般可贮运10～15天左右,但必须每天换入增氧水30%以上。

2)高温季节蚯蚓的贮藏和运输。

蚯蚓对高温极其敏感,当气温达到28℃时就会寻求低温处。因此,在夏季贮运蚯蚓,安全措施很重要。蚯蚓自身存在一种溶解酶,一旦发生蚯蚓死亡,这种溶解酶立即会从蚓尸上大量产生,致使蚓尸完全溶解而发出奇臭气味,从而造成极大的环境空间污染。

(1)蚯蚓卵茧的包装运输。

高温季节,蚯蚓卵茧在运输中会产生黄霉菌和水霉菌的寄生繁殖及腐败细菌的危害。霉菌的产生主要是高温高湿引发的。因此,除了按照常温季节贮运载体的方法外,还得减少密度,包装箱要薄,箱板上透气孔多一些,也可在箱内放置几支可与箱外通气的换气筒,在载体中混入一些刨花等。如气温在35℃以上时,必须带冰运输,以使箱内温度低于25℃。

(2)种蚓的包装运输。

少量装运:一般指5万条以下的小包装装运。这类包装可用菌化牛粪载体与膨胀珍珠岩1:1的比例混合载体进行装运。同时要解决包装箱内的换气,也就是要求箱的透气孔多些。为防止蚯蚓从透气孔中逃出,可在箱板上粘一层纱布后再将包装箱封入布袋中，在布袋外刷上"病虫净"药液可防止蚯蚓逃逸。

批量装运：一般是指 5 ~ 50 万条的单一包装托运。包装载体可采用膨胀珍珠岩营养载体。在箱内必须固定几支与箱外通气的换气筒。一般根据每立方米容积安装 10 个直径为 10 厘米的高密细孔的换气筒。再在包装箱外刷一层"病虫净"药液。

（3）大批量装运。

大批量也称高密度运输，也就是将 50 万条以上的种蚓在低温处理下一次性包装运输的方法。一般指使载体温度稳定在 0℃ ~ 10℃之间。首先，将木箱内壁全部镶上一层厚度为 5 厘米的硬塑料泡沫板，随即装入膨胀珍珠岩颗粒与 10％膨胀珍珠岩营养载体混合物。种蚓投入量可按每立方米 80 万 ~ 100 万条计。当种蚓全部钻入载体后，距箱口沿 40 厘米深处固定"井"字形格架，在格架上放一块与箱口大小一样的钢丝网，将厚约 20 厘米的冰块用打有针孔的无滴塑料薄膜包裹 3 ~ 5 层后置于箱内钢丝网上。一般可按每立方米载体摆入 0.2 ~ 0.3 立方米的冰块计算用量。

最后盖上一层硬泡沫板，钉上木盖即可托运。但必须注意，冰块始终应在上面，不可倒置和侧放。远途运输还必须加冰块，以确保安全。商品蚓的大批量装运可采取纯水加冰的低温装运法。

3）寒冷季节蚯蚓的贮藏和运输。

季贮运蚯蚓是比较安全的。只要保持载体内温度在 0℃以上，不使载体冰冻即可。但蚓卵茧不同，务必要采取特殊包装方法。

（1）蚓卵茧的包装运输。

一般采取原基料载体为主要贮运载体。如向南方运输，可直接用原有基料载体或菌化牛粪进行包装运输。如向北方运输，必须组合运输用载体进行贮运。下面介绍两种可发热御寒的贮运载体。

鲜牛粪混合载体装运：将风干的鲜牛粪和菌化牛粪各取一半混均匀后，分多层包裹蚓卵，使之组合成球团，然后取部分鲜牛粪将球团包裹一层，再包上 2 层无滴保温薄膜即可装箱托运。也可将麦麸与 5 倍的鲜牛粪混匀后分多层包裹蚓卵，使之组合成球团，然后以原基料载体为垫层，将包裹好的球团居于木箱中央，周围填满基料即可装运。

另外，还可将刚筛出的黄粉虫于屎粒拌入 3 倍的鲜牛粪中反复揉搓，压成饼状，铺于无滴保温薄膜上。然后将蚓卵与原载体放置该饼正中，将蚓卵包裹成球状后，连同无滴保温薄膜一起置于木箱中包严、钉箱即可托运。

鲜禽粪混合载体的装运：这是将鲜禽粪进行高氯消毒后风干至含水率 40％左右，与原基料混合成装运载体，或与菌化牛粪混合成装运载体的方法。可将消过毒、具有团状的鸡、鸽、鹌等鲜禽粪裹上一层麦麸，拌入等量的原基料载体后，分层包裹蚓卵成一球团，然后以无滴塑料薄膜包严装箱即可。

也可将净化过的鲜禽粪与等量的菌化牛粪充分混合后压成若干厚约 2 厘米的薄饼状，然后在每一薄饼上铺上一层蚓卵，并将所有薄饼叠起来，高度约等于该饼的直径。最后以硬泡沫塑料板作保温内衬装箱钉盖。另外，还可采用含水率约为 60％的食用菌废基料加 5％的麦麸拌成的贮运载体进行装运。

（2）种蚓的包装运输。

种蚓的装运比较简单。只要按照蚓卵的装运方式即可，况且种蚓的保温不像蚓卵要求高。一般装运箱的容积达到 1 立方米时，基料载体均可保证种蚓安全运至北方。如少量装运，则务必成数倍增加载体，并需以无滴塑料薄膜或硬厚泡沫塑料板加以保温装运。总之，只要不使载体内冻结即可。

6.1.4 蚯蚓疾病的防治方法

蚯蚓疾病主要有生态性疾病、细菌性疼病和真菌性疾病等。

6.1.4.1 生态性疾病

此病是由于养殖床低层老化，甚至腐败，长期不透气，使大量二氧化碳产生，导致缺氧而厌氧性腐败菌、硫化菌等发生作用，使大量的硫化氢、甲烷等毒气不断溢出，造成蚯蚓逃离养殖床或背孔溢出黄色液体，迅速瘫痪，成团死亡（农药中毒的有挣扎状急死现象，不会成堆结团而死亡的）。

（1）毒气中毒症。

防治方法：注意养殖场通风，驱散毒气，及时更换老化的养殖床基料、清除蚓粪，垫入增氧剂，立即向蚓池喷洒清水等。

（2）食盐中毒症。

饲料中配入含盐量超过 1.2%，会引起中毒反应。如直接取用腌菜厂或酱油厂废水、废料会使饵料含盐过高，幼蚓更易产生中毒反应。误食后，蚯蚓先剧烈挣扎，很快麻痹僵硬，体表无渗透液溢出也无肿胀现象，色泽逐渐趋白，且湿润。这类蚯蚓可以及时处理加工成商品蚓出售。

防治方法：立即清除基料或饲料，大量用清水冲洗。将中毒的蚯蚓全部浸入清水中，更换清水 1～2 次，待水中蚯蚓再无挣扎状时，放水取出蚯蚓，放入新鲜基料中保养。

（3）酸中毒症。

这是由于基料或饲料中含有较高淀粉和碳水化合物等营养物质，在细菌作用下产生饲料酸化，造成蚯蚓体液酸碱度的失衡从而导致表皮黏液代谢紊乱，引起蚯蚓胃酸，使其食道中的石灰腺所分泌出的钙失去对酸的固有中和能力，并日趋恶化直至造成胃酸过多症。表现为拒食，离巢逃逸。半月左右，蚓体明显瘦小，无光泽，萎缩，全部停止产卵。严重者出现全身痉挛状，环节红肿，明显缩短，黏液增多而稠，转圈爬行，体节变细、断裂，最后全身泛白而死亡。

防治方法：可用清水浇灌养殖池，反复换水浸泡，并通风透气。

用苏打水液或熟石灰进行中和。彻底更换基料，清除重症蚯蚓。

在饲料酸化情况下（pH 值低于 4），往往引起蛋白质中毒或胃酸过多症。其症状是：蚯蚓全身出现痉挛状的结节，环带红肿，全身黏液分泌增多，往往在养殖床上转圈爬行，或钻入床底不吃食，最后蚯蚓变白而死亡。有的病蚓死前还出现节间断裂现象，有的蚓茧破裂等。据国外研究表明，饲料的酸化不仅是导致蚯蚓患蛋白质中毒之类疾病的关键原因，甚至也是招致昆虫、病菌蔓延、天敌为害的重要原因，甚至也是招致昆虫、病菌蔓延、天敌为害的重要原因，所以饲料合理配制以及往后的妥善管理是极为重要的。防治措施：经常测试 pH 值，防止 pH 值低于 6 以下；发现中毒现象马上把蚯蚓与酸化饲料分开，用 25℃ 的水冲洗蚯蚓然后放入标准饲料。

（4）碱中毒症。

主要是误施碱性水，如高剂量药物消毒水、生石灰消毒水、漂白粉消毒水以及加入未发酵的碱性基料，长期湿度大，池底长期不清除，加之通风不良，使氨氮积聚过量，pH 值增高等。表现为蚓体麻痹发呆，无挣扎，钻在土表，全身水肿膨胀，最后体液由背孔涌出，僵化而死。同时引起蚓卵水解而溃裂。

防治方法：用清水浇灌养殖池，反复换水浸泡，通风透气。将食用醋或过磷酸钙细粉以清水稀释、喷入进行中和。彻底更换基料，清除重症蚓。

（5）蛋白中毒症。

这主要是喂食过量，使蛋白质严重沉积而腐败。表现为拒食，蚓体战栗，有剧烈痉挛状，且迅速消瘦，出现一端肿胀或一端萎缩或局部僵硬枯焦而死亡。

防治方法：彻底清除基料，并进行消毒灭菌。疏通风道，清洗换气筒。增加纤维基料。对重症蚯蚓加强生物活性体的饲喂。

（6）萎缩症。

饲料配方不合理，或饲料成分含量单一，导致长期营养不良。温度常高于28℃，造成其代谢抑制。蚓池较小、较薄，导致遮光性不强，使蚯蚓长期受光，使体内外生化作用紊乱。表现为蚓体细短，色泽深暗，且反应迟缓，并有拒食现象。防治方法：加强生态环境的管理以及投喂的饲料多样化。将病蚓分散到正常蚓群中混养，使之恢复正常。

6.1.4.2 细菌性疾病

（1）细菌性败血病。

由败血性细菌沙雷铁氏菌属灵菌通过蚓体表皮伤口侵入血液，并引起大量繁殖而损伤内脏，导致死亡。它具有较高的传染性，受伤蚓接触死蚓后就会被传染。表现为蚓呆滞瘫软，食欲不振。继而吐液下痢，伴有浮肿，很快发生水解，产生腐臭味。防治方法：首先清除病蚓，以200倍"病虫净"水溶液进行全池喷洒消毒。每周一次；2~3次即可灭菌。其次，以1 000单位氯霉素拌入50千克饲料投喂，连喂3天。

（2）细菌性肠胃病。

此病由球菌如链状球菌在蚓体消化道内填殖引起的一种散发性细菌病。一般在高温多湿气候下发生。表现为初期严重拒食，继而钻出基料表面瘫软状，并频繁下痢吐液，3天左右死亡。防治方法：将病蚓群置入400倍的"病虫净"水溶液中，在容器内斜放一木板，让其浸液消毒后爬上木板，凡无力爬上者为染病蚓，应予废除。爬上者即取出投入新基料中养殖。也可以采用"细菌性败血病"一样的防治方法。

6.1.4.3 真菌性疾病

（1）绿僵菌孢病。

此病由绿僵菌引起。该菌适应于温度较低的环境，一般在春季和夏季发病，随着春季气温升高，绿僵菌的孢子弹射能力及萌发能力降低，致病率也随之减轻。患病蚯蚓可痊愈。但秋季正好相反，蚯蚓一旦感染，绿僵菌孢子便会在蚓血液中萌发，生出菌丝，置蚯蚓于死地。

因此，本病主要是由于基料灭菌不严所引起的，也就是基料是主要的感染源。初期症状不明显，当发现蚓体表面泛白时，蚯蚓已停食，几天后便瘫软而死。尸体白而出现干枯萎缩环节，口及肛门处有白色菌丝伸出，布满尸体表面。

防治方法：首先清除病蚓，更换养殖池和基料。其次，用100倍"病虫净"水溶液喷洒蚓池壁，全面灭菌。特别在春秋时节更要消毒灭菌。一般隔10天以400倍"病虫净"水溶液喷洒池一次，剂量为每平方米500～1 000毫升。每周以KX电子消毒器杀菌一次，每次开机30分钟，并用塑料罩盖住蚓池杀菌。

（2）白僵病。

此病由白僵菌感染所致。但该菌对群体蚓威胁不大。只是当该菌在生长过程中分泌出毒素时才可致蚯蚓于死地。表现为病蚓暴露于表面，体节呈点状坏死，继而蚓体断裂，很快僵硬，逐渐被白色气生菌丝包裹。发病时间为5～6天。

防治方法：同绿僵病的防治。

6.1.4.4 寄生性疾病

蚯蚓的寄生性疾病有两大类型。其一，蚓体寄生虫病，是直接寄生于蚓体，也就是靠蚓体养分生存的寄生虫；其二，养殖池或基料的寄生虫病，即是虫体只寄生于池内基料中而伤害蚓体或破坏养殖生态条件而间接影响蚯蚓正常生活的寄生虫病。该病叫管理性疾病，管理得当完全可以避免。

（1）毛细线虫病。

毛细线虫体形细如线，表皮薄而透明，头部尖细，尾端较钝圆形。此虫为卵生，卵形如橄榄。此虫原是水族寄生虫，但由于蚓的基料有水草或投喂生鱼内脏而将毛细线虫卵带入蚓池而使之受感染。该虫进入蚓体后便寄生于肠壁和腹腔，大量消耗蚓体营养物质，并引起炎症，导致蚓体瘦小和死亡。表现为病蚓一直挣扎状翻滚，体节变黑变细，并断为数截而死亡。

防治方法：将该虫卵排出体外后所孵出的幼虫用药物杀灭。方法是每周喷洒 400 倍"病虫净"一次，直至痊愈。同时，经常更换池底湿度较大的基料，尽量消除适应虫卵高湿孵化的环境。另外，该虫卵在 28℃左右才可孵化出幼虫，因此可将池内温度控制在 25℃左右，能有效地防治该虫的扩散。

（2）绦虫病。

绦虫种类较多，主要是鲤蠢属的短颈鲤蠢。虫体常见鲤、鲫鱼肠道中，蚯蚓是该虫体的中间寄主之一。本病主要发生在夏天，能造成蚯蚓发病死亡。表现为肠道发炎坏死，蚯蚓一次性多处断节而亡。

防治方法：以 600 倍"病虫净"喷洒养殖池，以杀灭病蚓和基料中的虫体。

（3）吸虫囊蚴病。

本病是因扁弯口吸虫的后囊蚴寄生于蚯蚓体环带中所引起的。这种成虫寄生于鹭科鸟类的咽喉，中间寄主为螺、蜗牛、鱼类和蚯蚓。该病分布极广，危害鱼类最重。对蚯蚓的感染主要是管理不当造成，感染源来自生鱼杂、蜗牛和鸟类。该病使蚯蚓环带发炎、坏死，蚓体肌肉充血而死亡。表现为初期蚓环带流黄脓液，继而肿大。2～3 天后开始萎缩而坏死，有时环带处断裂。产生全身性点状充血紫斑，并萎缩而枯死。

防治方法：同"绦虫病"的防治方法。同时控制鹭科鸟等进入。

（4）双穴吸虫病。

此病由双穴吸虫寄生于蚓体所引起的。致病虫体为湖北双穴吸虫和匙形双穴吸虫的后囊蚴或尾蚴。两种虫的成虫都寄生于鸥鸟的肠道内，椎实螺是它的中间寄主。凡是有鱼类和水鸟的地域均有大量发现。主要是吸吮蚓体内的血液，并导致炎症而死亡。

表现为间断性头部挣扎，后期为全身发紫，继而变白，白中现紫斑，死亡过程较缓慢。

防治方法：控制鸥鸟接近，杀灭中间宿主椎实螺。其他方法同"绦虫"防治。

（5）黑色眼菌蚊危害。

该菌蚊属双翅尖眼菌蚊科。身体微小，长2毫米左右，呈灰黑色。该虫夏季为活动高峰期，9月中旬后数量大减。主要危害是咬碎基料，降低气孔率，吃掉微生物使蚯蚓不能爬向表层活动，严重降低产卵率、孵化率及幼蚓成活率。

防治方法：以400倍"病虫净"喷洒养殖池表面，或用0.05%的CJ50长效灭虫剂喷洒表面。应在蚯蚓未爬到表面时喷洒，而且速度要快，只微量地一扫而过，否则有害蚯蚓。其次，可将池内浸水，让其成虫浮起而去除。也可用灯光诱杀。将一黑光灯悬于池边，灯下放一小火炉，成虫趋光飞起后被火炉热气熏落火中而死。

（6）红色瘿蚊的危害。

该虫危害作用与黑色眼菌蚊相同，但程度更为严重。体形0.8～1.0毫米，鲜橙色，复眼大而黑。瘿蚊适应性极强，一年四季繁衍。该虫极喜腐熟发酵体，基料是其繁殖生长的良好条件，故一周内便可导致整个蚓池一片红，造成上层无一蚯蚓。一旦产生虫害，严重影响蚯蚓的产卵量，也影响蚯蚓的正常进食和自调活动，破坏整个生态环境，限制蚯蚓的生长。瘿蚊还携带和传播病毒作用。

防治方法：同上述"黑色眼菌蚊"的防治。

（7）蚤蝇的危害。

该虫主要大量消耗蚯蚓饲料，破坏并严重污染蚯蚓的生态环境。体长约8毫米，色灰黑。5～10月份为活动盛期，成虫善跳，趋光性强。幼虫极喜腐败物质，大量吞食酶解营养成分。严重地影响和妨碍种蚓产卵及其正常生活，使繁殖率大幅度下降，甚至造成全群覆灭。

防治方法：也同上述"黑色眼菌蚊"的防治。

（8）粉螨的危害。

粉螨种类繁多，危害最严重的是腐食酪螨和嗜木螨两种。体圆色白，须肢小而难见。它常以真菌有机分解物为食，对封闭性食用菌菌丝及基料危害极大，故以食用菌废基料作为蚯蚓基料时就会大量繁殖，造成蚯蚓群体逃离和抑制产卵。

防治方法：用 0.05% CJ50 长效灭蚊剂以细雾状喷洒养殖床表面 1 ~ 2 次，即可全部杀灭。

⑨跳虫的危害

俗名跳跳虫。种类较多，常见的有菇疣跳虫、原跳虫、蓝跳虫、菇跳虫、黑角跳虫、黑扁跳虫等。体长 1.0 ~ 1.5 毫米，形如跳蚤。多在粪堆、腐尸、食用菌床、糟渣堆等腐殖物上活动。其尾部较尖，具有弹跳能力，弹跳高度 2 ~ 8 厘米。其体表有油质，可浮水面。幼虫形同成虫，色白，休眠后脱皮而转为银灰色。卵为半透明白球状，产于表层。

主要群聚于养殖池表面啃啮基料成粉末状。还可直接咬伤蚯蚓致死。

防治方法：同"粉螨"的防治方法。

（10）猿叶虫的危害。

主要有大猿叶虫和小猿叶虫两种。原是十字花科蔬菜的主要害虫之一。两种猿叶虫形状相近。一般成虫在腐树叶、松土 4 ~ 8 厘米处越冬或潜入 15 厘米以下腐叶或土中蛰伏夏眠，平日活动频繁。幼虫与成虫一样都有假死习惯，很会迷惑人。也主要危害基料及直接伤害蚯蚓或卵。

防治方法：同上述"跳虫"的防治。

6.1.4.5 蚯蚓常见病害防治

蚯蚓的病害，国内外所报道的资料均不多，现根据天津市宁河县蚯蚓购销养殖场在十多年饲养管理中所发生的病害现象和防治方法介绍如下：

第一，蚯蚓全部或局部急速瘫痪，背也排出黄色或草色体液，成堆死亡，这是新加的饲料中含有毒素或毒气。应迅速减薄料床，排除有毒饲料，钩松料床，加入蚯蚓粪吸附毒气，让蚯蚓潜到底层休整，以期慢慢适应。

第二，蚯蚓体出现局部枯焦，一端萎缩或一端肿胀而死亡，未死的蚯蚓拒食，有悚悚战栗的惧怕之感，明显出现消瘦，这是由于加料方法不当而形成的蛋白质中毒症。发现问题后，要清理不适合的饲料，加喷清水，疏松料床以期解毒。

第三，饲料中含有大量的淀粉、碳化水合物，或含盐分过高，经细菌作用容易引起酸化，引起蚯蚓胃酸过多症，使全身出现痉挛状结节，环带红肿，身体变粗变短，全身分泌液增多，在养殖床转圈爬行，或钻到床底不吃不动，最后全身变白而死亡，有的病蚓死前还出现体节断裂现象。防治办法是掀开覆盖物，让蚓床通气，喷洒苏打水、石膏粉进行中和。

第四，蚓床湿度太大，饲料 pH 值过高，则会使蚯蚓体水肿膨大、发呆、拼命往外爬，背孔冒出体液，滞食而死。甚至引起蚓茧破裂，或使新产下的蚓茧两头不能收口而染菌霉烂。碰到这种情况可采取开沟沥水方法，将爬到表层的蚯蚓清理到另外的池里，在原饲料中加过磷酸钙粉或醋渣、酒精渣打中和，过一段时间再用。

6.1.5 蚯蚓的饲养管理

6.1.5.1 蚯蚓养殖实施步骤

生产步骤：选择场地→建设养殖房→发酵粪料→引进蚯蚓种→提纯复壮→扩大种蚓群→循环生产。

操作步骤：发酵调制粪料→把发酵调制好的粪料装箱→放入种蚯蚓→20 天分离种蚯蚓→把粪和卵块堆成堆孵化→幼蚓分条降

低密度养殖→加入新粪料→保水保料→幼蚓约40天长大后分离→成蚓→利用→重复循环生产。

（1）养殖场的选择。

蚯蚓养殖可选择在室外（如树林里、香蕉地里、高作物地里等），交通便利，有机废物充足，有水电更好，可以与养猪、养牛、养蛆场配套建设。

大田蚯蚓养殖场分为粪料发酵区（占10%）、种蚯蚓繁殖区（占20%）和蚯蚓养殖区（占70%）。

平整土地，清理区内的废弃物和金属物质等。在繁殖区建设前，应先建立一小块养殖床作为小繁殖区进行试验。具体方法是：将基料均匀地铺在地上，厚20厘米，宽1.5米，长2米，备用。

基料测试：将种蚯蚓均匀撒在小繁殖区，再洒水保湿。一天后，如果种蚯蚓钻到基料里面，证明基料已经配制成功。如果发现种蚯蚓不愿意钻入基料或者逃出基料，则证明基料发酵不完全，必须重新发酵直到发酵完全，种蚓能适应为止。接下来便可在种蚯蚓繁殖区内按照建造小繁殖区的方法大规模建造养殖床，将基料铺在地上，高20厘米，宽1.5米，长度不限，再铺上喷水管。每两个养殖床之间要留有2米左右的空隙，以便在养殖过程中进行其他管理。夏季雨水较多时，为了防止水患，还要在养殖床的一侧挖条排水沟，以便排水。

（2）引种。

一切准备就绪后，就准备引种，引种前要注意：对供种单位或个人首先要有了解，比如：供种单位的种蚓是否经过提纯复壮，品种是否退化，供种单位是否有过硬的高产养殖技术，供种单位的包装容器是否经得起长途运输，供种方是否有大型养殖现场等。

退化的蚯蚓表现在：繁殖率低，年增殖率在100倍以下；生长缓慢，从幼蚓至成蚓需约4个月；饲料利用率低，每立方米牛粪仅能生产蚯蚓3～5千克左右；挑食现象严重等。

日本"太平一号"和"太平二号"大红蚯蚓，生长期 2 ~ 3 个月，可亩产鲜蚯蚓 2 000 千克左右。

引进的种蚯蚓体态健壮饱满，活泼爱动，爬行迅速，粗细均匀，颜色鲜亮，这样的种蚓体质好，抗病力强。大平 3 号蚯蚓是采用日本的大平 2 号和北星 2 号经多年杂交后的新品种。其明显特点是：年增殖率在千倍以上；从幼蚯蚓长至成蚓仅需 40 天左右；每立方料牛粪可产鲜蚯蚓约 20 千克，最高可产 60 千克；耐热耐寒。选择了良种蚯蚓，成功就有 50%。

（3）投放。

蚓床做好后，把发酵好的猪牛粪放入引床内，粪料堆放高度 20 厘米左右，靠中间走道一侧留出 20 厘米空间留作放养蚓种。放养蚓种前先浇湿蚓床，然后把带有粪料的蚓种侧放在蚓床内的猪牛粪边，至于蚓种放养密度没有一定的要求。但忌在蚓床上堆满猪牛粪后放蚓种，以免造成蚓种损失。

培养料的高度以 20 ~ 30 厘米为好，每平方米可放入种蚓 2.5 千克，经过一个月的养殖，每平方米可采收鲜蚯蚓 10 千克以上。

春季为投放种蚯蚓的最佳季节，每平方米投放 1.0 万 ~ 1.5 万条。一般种蚯蚓在投放之后就会进行异体交配，5 ~ 7 天种蚯蚓开始产茧。由于蚯蚓有"祖孙不同堂"的习性，大小混养会出现近亲交配，甚至会造成种蚓退化，所以根据蚯蚓的产茧周期，一般每 20 天左右把种蚓与蚓茧分离一次。

（4）种蚓的管理。

保持料温 20℃ ~ 27℃，首次引种蚯蚓有 15 天的适宜期，适宜期过后 3 ~ 5 天开始产卵茧，种蚓添加新饲料继续让其产卵，一般 20 天卵茧孵出后，孵出第 15 天后，取出部分老饲料，添加新饲料。以后每 10 ~ 15 天添加料一次，在 23℃适温下一般孵出约 40 天即性成熟，准备产卵茧。

（5）扩大种蚓群。

开始养殖蚯蚓，首先应扩大种蚓群，若你计划 100 平方米生产池面积，首先要达到 20 平方米种蚓养殖面积，这 20 平方米种蚓专门为生产池提供蚓茧或幼蚓，满足生产池需要。

温度 /℃	5	15	20	23	27	32
孵出时间 / 天	110 ~ 160	40 ~ 60	25 ~ 40	15 ~ 22	10 ~ 15	6 ~ 9
平均孵化条数 / 茧	0.01 ~ 0.5	3.2 ~ 4.5	4 ~ 5	4 ~ 6	5.5 ~ 7	1 ~ 2

（6）生产管理和产量计划。

当种蚓发展到了一定的规模，就形成了一个繁殖场。繁殖场的作用是专门用来繁殖后代，再把它们的后代放到生产场进行养殖大后作利用。

蚯蚓养殖区的建设方法与蚯蚓繁育区的建设方法相同，养殖床高 20 厘米，宽 1.5 米，长度不限，每两个养殖床之间保留 2 米的过道，以便饲养管理。将带蚓茧的基料均匀地撒在养殖床上，约 20 天后幼蚓钻出，在这期间应注意管理养殖床。养殖床应保温、保湿并及时加料。

6.1.5.2 蚯蚓的提纯复壮

传统的养殖方法往往是在箱内放小部分种蚓，种蚓产出后代，后代长大后又产生后代，这样就造成祖孙同堂，引起蚯蚓近亲交配，导致蚯蚓品种退化。蚯蚓就会生长变得缓慢，繁殖率大大降低，饲料利用率也降低。

我们独特的提纯复壮方法是：种蚓放进料中产茧至 15 天（冬季 20 天），把种蚓与基料分开（茧在基料中），保证了蚯蚓品种的优良性，并使蚯蚓品种不断得到改良。产茧的种蚓仍放回原料中加入新基料继续让其产茧，半月后再提纯复壮。蚓茧和基料堆成 20 ~ 30 厘米高，60 厘米宽的小条，浇足一次水，保持料温 20 ~ 27℃，15 ~ 25 天全部孵化。再有，在蚯蚓养殖过程中，一定要保证蚯蚓饲料的满足，因一旦饲料不足，蚯蚓身体就会变小，要再恢复，又需要时间和饲料，这样就很难保证有正常产量产出。

（1）建立原种池→繁殖地→生产池等三级以上的繁育体系，杜绝"子孙同堂"混养，避免近亲交配导致品种退化变质。

（2）平时要注意选择具有鲜明品种特征、红润粗壮的蚯蚓放入原种池中，剔除那些退化、短小、衰老的个体，在原种池中一定要经常保持大量优质的种群。①原种池——选育纯种和提纯复壮，不断培育出保持优良品种特征的蚯蚓原种。饲料以厚度约15厘米、密度以每平方米2万～3万条蚯蚓为宜。除了换料，平时不要翻动池中饲料。②繁殖地——把原种池培育出来的优良品种进行第二级纯种繁殖，不断扩大品种数量，为生产池提供大量蚯蚓。③生产池——从繁殖池移来的蚓茧或幼蚓进行第三级繁殖，获得的成蚓、蚓类等产品可以综合利用。

（3）定期分床隔池。

原种池与繁殖池在高温季节每隔15天（低温季节约20天）要彻底换除旧粪料一次，全部换入新饲料。原种池旧料和蚓茧移入繁殖池待孵化；繁殖池的旧料和蚓茧移入生产池待孵化。料层厚度约15厘米、含水量约30%为宜。做到上松下湿不积水，才能提高孵化率。

6.1.5.3 养殖密度的控制

所谓密度是指单位面积或容积中的蚯蚓的数量。养殖密度的大小在很大程度上会影响环境的变化，从而对整体蚯蚓产量及成本都有很大的影响，密度小，虽然个体生存竞争不激烈，每条蚯蚓增殖倍数大，但整体面积蚯蚓增殖倍数是小的，产量低、耗费的人力、物力较多；若放养密度过大，由于食物、氧气等不足，代谢产物积累过多，造成环境污染，生存空间拥挤，导致蚯蚓之间生存竞争加剧，使蚯蚓增重慢，生殖力下降，病虫害蔓延，死亡率增高，幸存者逃逸等。因此，掌握最佳的养殖密度是创造最佳效益的一大关键。

蚯蚓的放养密度与蚯蚓的种类、生育期、养殖环境条件（例如食物、养殖方法和容器），及管理的技术水平等有密切的关系，以箱式养殖放养密度最高，在 1 平方米面积，25 厘米高的培养基中可放养密度为：种蚯 1.5 万～2 万条，孵出至半月龄，可放养 8 万～10 万条，半个月到成体可放养 3 万～6.5 万条。若增大养殖密度，就会限制蚯蚓正常生长发育和繁殖，产量就会降低。所以在养殖蚯蚓时适时扩大养殖床，调整养殖密度，取出成蚓，这是提高产量的有效措施。

蚯蚓养殖的最佳密度，以每平方米 2.8～3.1 千克或每平方米 2 万条为宜，在此范围内，投种少、产量高。前期幼蚓养殖密度可稍大于每平方米 3 万条或每平方米 2.5 千克；后期幼蚓至成蚓养殖密度可逐渐降至每平方米 2 万条左右。进行密度控制应与轮换更新结合起来，将种蚓床、孵化床、前期幼蚓、后期幼蚓床按 1：1：2：4 的面积比建造，结合扩床养殖，即可达到控制密度的要求。

6.1.5.4　日常管理

（1）适时添料。

适时添料是指蚓床中还有 20%～30% 饲料时，采收蚯蚓后就要及时添加腐熟的粪料。添加粪料的方法主要采用侧面添加法和上面条状添加法。夏季高温季节，猪粪可采用在贮粪池中加水成糊状发酵后，以条状形式直接浇在蚓床粪料上。如果久不添料又不浇水，会造成蚓体缩小，蚯蚓无法生存会自溶死亡。

蚯蚓体内含水量 30% 左右，饲料的含水率以 70% 左右为宜，用手挤压上层料，指缝间应有滴水，底层要求积水 1～2 厘米。

有关蚯蚓养殖的资料，都夸大饵料一定要经完全发酵腐熟后才能投喂。现有一种采用腐熟饲料作基料，用新鲜牛粪、猪粪直接饲喂的新方法，可获得良好效益。该方法省工省时，饵料养分下不受损失，加快了蚯蚓的生长速度，易于推广应用，枢纽是基础料要彻底发酵，湿度 60%~80%，不可过干过湿。

（2）保湿通气。

蚯蚓床是养育蚯蚓的场所，要十分重视温度，湿度和通风换气。要经常浇水保持湿润。夏季每天浇水 1 次，低温期 5~10 天浇水 1 次，春秋季节 3~5 天浇水 1 次，冬季视具体情况而定，使湿度保持在 30%在右。并要认真做到常年盖层草，保湿通气。这样能促进蚯蚓多吃食，生长快，产卵多，卵茧孵化率高及幼蚓成活率高。盖草对比试验结果表明，盖草帘的蚓床蚯蚓产量提高了 80%。另外，盖草后如遇到较大雷雨，可避免蚓床表层板结，并避免蚯蚓碰上沼气造成死亡等情况。低温期少数养殖户管理不善，造成蚓体萎缩，产卵少等，原因有多种，如久不浇水，添加饲料不及时等，最主要的是未做好通风换气工作。蚯蚓在缺氧条件下体色暗褐无光，体弱，活动迟缓，后代死亡多。尤其是尚未发酵透的畜粪，在薄膜内继续发酵，产生沼气危害蚯蚓。缺氧，鱼群浮头，易于发现，盖在薄膜内的蚯蚓床缺氧则不易发现。只有做好通风换气，增加氧气，排出有害气体才行。办法有两种：①使用弓形矮棚，做成类似育红薯苗的棚。②扎草笼透气。用稻草或玉米秆两头扎成周长 40~50 厘米的圆柱，放在蚓床中央，蚓床上均盖两层薄膜夹一层草帘。中午前后揭开两头薄膜，通风 2~3 小时（雨雪天例外），便能排出二氧化碳等有害气体。

（3）蚓茧孵化管理。

蚓茧在蚓粪和剩料中，可将蚓粪和剩料收集起来，放在废木箱或其他容器中孵化。孵化温度特别重要：赤子爱胜蚓 10℃时 65 天孵出；15℃时 31 天孵出，孵化率 92%，平均每个蚓茧孵出幼蚓 5.8 条；温度 32℃时仅 11 天即孵出，不过孵化率仅为 45%，平均每个蚓茧孵出幼蚓 2.2 条。最佳孵化温度为 20℃左右。幼蚓孵出后应立即转移到 25℃~33℃条件下饲养，供给丰富饲料。这时幼蚓生长发育极快。

（4）幼蚓管理。

刚孵出的幼蚓,呈丝状、幼嫩,生长发育很快,要特别注意管理。要投喂疏松细软、腐熟、营养丰富的饲料,制成条状或块状投喂。尽量避免闷气,采用薄层饲料喂养。施水时不宜泼洒,要喷细雾,每天喷 2 ~ 3 次,不能有任何积水。温度控制在 20 ~ 35℃。注意预防天敌和有害物质。

（5）粪料疏松。

粪料疏松除结合蚯蚓采收时进行疏松外,还需粪料板结情况,每月松土一次。使用铁耙松土时动作要轻巧,尽量避免表层的卵茧翻入粪料底部,影响卵茧的孵化率。

（6）定期清除蚓粪。

室内养殖时,必须定期清除蚓粪,以保持环境的清洁。室外养殖时,地上的蚓粪是农作物的好肥料,不必清除。

当粪料表面的蚓粪过多时,应结合添加粪料和蚯蚓采收及时把蚓粪清除。具体方法是将蚓床上面 15 ~ 20 厘米厚度的粪料（其中有大小蚯蚓及卵茧）铲出放在旁边蚓床上或塑料薄膜上,深度以铁铲下面基本无蚯蚓及卵茧为准,然后把下面的蚓粪铲出运走,把表层粪料再搬回到蚓床上。

（7）适时分解。

在饲养过程中,种蚓不断产出蚓茧,孵出幼蚓,而其密度就随着增大。当密度过大时, 蚯蚓就会外逃或死亡,所以必须适时分解饲养和收取成蚓。

（8）敌害防除。

经过这几年蚯蚓的饲养,发现蚯蚓的病害较少,主要是一些敌害要防除,如蝼蛄对蚯蚓的危害较大,它先吃卵茧,后吃小蚯蚓,在松土及采收蚯蚓时,一旦发现要及时将它处死。在秋、冬季一些鸟类,野外没东西吃,常来吃卵茧,另外还有老鼠、蛇、蚂蚁等也是蚯蚓的敌害。

（9）防逃。

如温湿度适宜、饲料充足、空气通畅、无强光、无有害物质、无噪音，蚯蚓是不会逃的，除非食物不适宜，养殖密度过高才会逃逸。密度与养殖目的、环境条件等关。赤子爱胜蚓每平方米 1 日龄可养 4 万条，1.0 ~ 1.5 个月龄 2 万条，1.5 个月龄至成蚓 1 万条左右，如为收获成蚓以 1 万条为宜。

6.1.5.5 高产养殖措施

（1）分期饲养。

按蚯蚓个体的发育阶段而给予不同的养殖管理，是蚯蚓人工养殖能否取得高产的关键。传统的"几世同堂"混养法，由于在采收利用上无法分别大小：超过最佳收获期的成蚓，来不及采收，浪费饲料和养殖设备；未到最佳收获期的幼蚓，采收了则降低产量，人工分拣又增加劳动强度。人工养殖时，须建立专门的种蚓池与生产蚓池。

（2）薄饲勤除。

成蚓每月投料两次，除蚓粪、取蚓茧或倒翻饲育床三四次，每次给料厚度为 15 ~ 20 厘米，始终保持饲料新鲜透气，创造蚯蚓最佳生态环境。适时采收在以往的资料中，介绍年收获蚯蚓 3 ~ 5 次。但在生产中发现，在饲料充足的情况下，利用蚯蚓生长繁殖的优势期（性成熟前后，以蚓体出现环节为标志）实行短期（一般以 1 个月为宜）高密度养殖，而又增加采收次数，及时调节和降低种群密度，保持生长量和采收量的动态平衡，是获取蚯蚓高产的关键。

（3）轮换更新。

通过种蚓的不断更新和养殖床的周期轮换，不仅保证了种群的旺盛，而且也避免了在同一床位长期养殖同一蚓群而形成的种群自然衰退。种蚓宜每三四月更新一次。

（4）养殖管理。

蚯蚓养殖分种蚓、蚓茧孵化、前期幼蚓、后期幼蚓和成蚓等几个时期。不同时期的管理要求如下：①种蚓管理。养殖密度宜控制在每平方米 2.0 ～ 2.5 千克或每平方米 1.0 万 ～ 1.5 万条，每隔六七天清除一次蚓粪，采收的蚓茧投入孵化床保湿孵化，同时翻倒种蚓床，用侧投法补料，以改善饲育床生态条件，以利繁殖。②孵化床的管理。孵化基厚度以 10 ～ 15 厘米为宜，孵化基要保持碎细和湿润，每平方米可孵蚓茧 5 ～ 6 万个，孵化基每月用铁叉松动一两次，以利通气与幼蚓成活。③前期幼蚓管理。待孵化基大部分粪化时，要及时除粪，用下投法补料并及时扩床，以降低幼蚓密度。④后期幼蚓和成蚓管理。后期幼蚓生长迅速，要增加除粪补料次数，用下投法补料并及时扩床养殖；当性成熟进入繁殖期后，要发挥蚯蚓生产和产茧优势，不失时机地降低养殖密度或及时采收利用，或取代旧的种蚓。

（5）加大深层、密度。

加大深层：根据蚯蚓的生理、生活特性，把生产池中的饲料厚度增加到 50 ～ 60 厘米，长、宽度仍为 1 米；加大密度：投入 6 万条日龄接近的蚓苗，然后用 6 条内径约 2 厘米、管壁上穿孔、能排水又通气和略高过饲料面的小竹管均匀插在饲料中，使饲料通气散热。此法可望月产蚯蚓 30 千克。但饲料一定要发酵好，确保散热，适时换料。如觉得上述做法较难，可把饲料厚度减为 20 ～ 30 厘米，蚯蚓密度也减为 2 万 ～ 3 万条，但月产量也相应减为 10 ～ 15 千克。要注意饲料的发热和置换。

防止饲料发热的首要关键是搞好饲料发酵，其次是尽量减少饲料厚度，保持饲料通风透气。饲料发热后的补救办法是扒开饲料使之松散，直接淋冷水降温。

（6）掌握饲料投量。

日本大平二号蚯蚓日耗料量（指湿料重量，下同）与其本身体重基本相等。以成蚓每条平均重量 0.5 克计可粗略得出算式：投料量 =（初养蚓重 + 终养蚓重）÷2× 养殖天数。例：有幼蚓 6 万条，养到成蚓重达 30 千克时需 30 天，则：投料量 =（0+30 千克）÷2×30 天 =450（千克）。

（7）蚯蚓"五改"养殖法。

天津市宁河县蚯蚓购销养殖总场王凤艳在十多年的蚯蚓养殖中，探索出蚯蚓的"五改"养殖法，养殖效益稳步上升。

养殖法的具体内容为：一改单一喂料为喂配合料，使蚯蚓增重速度加快近一倍。二改封闭式喂料为饲料中添加微生物通透剂，培养大量有益微生物，提高蚯蚓吞食消化机能。三改基料、饲料分层投置为基料、饲料一体化投置，减少了各种物料投放量，节省了人力、时间，降低了蚯蚓吃食、栖息运动量大对蚯蚓体能的消耗，也使蚯蚓粪精而纯，质量进一步提高，且更容易分离提取。四改成蚓、幼蚓同床养殖为成蚓、幼蚓以不同温湿度分床养殖，使蚯蚓提取省工省时。五改露天养殖时，1 年有 4 ~ 5 个月休眠为用双层彩色塑膜小拱棚和稻草保温保湿及遮阳，冬春季节无休眠养殖，提高一倍产量。

6.1.5.6 冬季增温增产

冬季在室外按规模大小采用多种增温方法，争取蚓床最低温度在 10℃ ~ 15℃以上，以提高蚯蚓生长和繁殖速度。

有的养殖户在蚓床上平铺一层薄膜，虽然蚓床温度可比最高气温要高 8℃ ~ 10℃，但到凌晨气温降到 0℃以下时，蚯蚓床上只比外界温度高 1℃ ~ 2℃。所以平盖一层薄膜不能达到所需温度。经多年探索，我们采用以下两种方法能起到增温保暖功效。

（1）两层薄膜夹一层草帘：这种方法简单，不需要多少投资，而且增温保暖效果好。据我们测试，要比盖一层薄膜的温度高 6℃。反之，在夏季能起到降温调节作用，蚓床上的温度比平盖一层薄膜低 6℃。

（2）竹架塑料棚：在冬季利用太阳能养蚯蚓，使用竹架塑料棚，投资少、效果好，平均每天增温10℃，按低温期150天算，累计增温1 500℃，等于平均气温20℃的75天积温，比一般养殖户多2个月生长期，蚯蚓生长快，产卵早，孵化早，上市早，为全年高产打好基础。在塑料棚的东西北三面挂上草帘子，上下固定，以防风保温。棚内蚓床表面仍盖稻草、干野草或草帘子，并需在蚓床中间放上草笼透气，然后盖一层薄膜，气温低的地区可盖两层薄膜夹一层草帘。

6.1.5.7 夏季降温增产

从6月至9月，气温较高，十分适合蚯蚓生长繁殖。但7～8月份有高温天气应采取降温措施，把蚓床温度控制在30℃以内，这是蚯蚓夏季增产的关键。

（1）搭棚遮阴：经多年观察，棚上用麦秆、稻草编的帘子遮荫效果较其他方法（如种攀缘植物，放油菜箕等）要好。可利用冬季搭棚材料。棚要南低北高，草帘由棚顶中心先挂，挂到离蚓床1米左右，南面的草帘子早上放下，傍晚前收起，要做到四面能通风，下雨能漏水。

（2）蚓床盖草：气温较高时，在遮阴棚的蚓床上如需盖草帘子，最好盖水葫芦、水花生、青草等。试验表明，气温34℃时，棚内蚓床上盖草帘子的，蚓床表层下6厘米处温度为30℃，盖40～50厘米厚的水花生的，温度为28℃，无棚只盖旧席条的温度为35℃。搭棚后蚓床再盖草帘子，特别是水葫芦、水花生降温的，不仅蚯蚓生长快，而且产卵量大大增加。

（3）浇水降温：高温期必须每天下午浇水1次，以利蚯蚓晚上在潮湿环境中爬到蚓床表层觅食，有条件的早晚2次浇水效果更好。千万不能用晒得很热的稻田水或严重污染的工业废水浇水。高温期综合采用上述降温措施，结合每年绿化，把蚓床温度降到30℃以内，避免蚯蚓受高温休眠而影响产量。

6.1.5.8 卵茧、粪粒和蚯蚓分离的方法

箱养蚯蚓或大型饲养场的床养蚯蚓，因多次添加饲料，经过
2～3个月，需要把粪粒和蚯蚓进行分离，而产在饲料中的卵茧也
需要与粪粒分开，分离的方法有如下几种：

（1）筐漏法。

经过几次添加饲料，成蚓密度大，卵茧数量增多，饲料基本
粪化的饲养床（箱），把蚯蚓与粪粒一起装在底部带有 1.2 厘米 ×
1.2 厘米网眼铁丝网的大木筐内，利用蚯蚓怕强光的特性，在强光
照射下，使蚯蚓自动钻到底层。然后用刮板逐层把粪粒和卵茧一
起刮入运料斗车，直至蚯蚓通过网眼钻入下面新料层为止，这时
蚯蚓绝大部分和粪粒分开来。然后，将粪粒和卵茧移入孵化床，
在适宜的温度条件下，经过 30～40 天，卵茧全部孵化，并长至
一定程度，但还未达到产卵阶段的蚯蚓。继续采用以上所述的筐
漏法把幼蚓和粪便分离开。使幼蚓进入新的饲养床。粪粒经筛选
包装可以作为城市养花的肥料。

（2）饵诱法。

当饲养床基本粪化后，停止在表面加料，而在饲养床两侧添加
饲料，将成蚓诱入新饲料中。待绝大部分诱出后，再将含有卵茧的
老饲料全部清出。然后再把老床两侧的新饲料和蚯蚓合并在一起。
清出的蚓粪和卵茧移在放有新饲料饲养床的表面进行孵化。待幼蚓
孵出后，进入下层的新饲料采食，然后把上层的蚓粪刮出即可。

（3）刮粪法。

利用强光照射，使蚯蚓钻入下层，然后用刮板将蚓粪一层一
层刮下。刮到最后，蚯蚓集中到饲养床表面。将取出的蚓粪和卵
茧移入孵化床进行孵化培育。幼蚓孵出后，用同样的方法进行分离。

（4）机械分离法。

把充分繁殖好的蚯蚓、蚓茧和剩余饲料，装入喂料斗，开动
马达，饲料会震碎，从 4 号筛漏入 1 号筛中，其中蚓粪和部分蚯

茧落入 5 号箱中回收，剩余物达到 2 号筛时，经拍打饲料块进一步破碎，下滑到 3 号筛，大约 50% 小蚯蚓和 50%～70% 的蚓茧、细土落入 6 号箱回收。剩余物再下降到 9 号输送器，其中大蚯蚓爬附在输送器上，并经水平方向输送到 10 号箱回收。其他大而硬未破碎的残余物落入最下面的箱内。这样就大致把蚯蚓、蚓粪、蚓茧和小蚯蚓分离出来。

6.1.5.9 蚯蚓的采收

选择最佳收获期，在良好的环境条件下，幼蚓养到 30 天左右，变为成熟蚯蚓准备产卵，其肥度、重量、长势都达到了极限，此时收获最为高产。当然，因饲料和管理等条件的不同，蚯蚓的长势也有所不同，收获期也随之提前或推迟。

蚯蚯蚓是优质蛋白质饲料，蚓粪是极佳肥料，所以要随时采集蚯蚓和蚓粪。从蚓茧孵化到成蚓性成熟大约需 4 个月，当蚯蚓环带明显、生长缓慢、饲料利用率降低后便可采收。此外，蚯蚓还有成蚓、幼蚓不愿一起生活的习性，在幼蚓大量孵出后，成蚓便自动到其他料层或逃出，所以发现大量幼蚓孵出需立即采收成蚓。蚯蚓采收一般有光照驱赶法、红光夜捕法、诱捕法、水驱法、挖取法等。

（1）光照驱赶法。

适宜于室内养殖床以及箱养、池养的赤子爱胜蚓及北星二号、大平二号蚯蚓的采收。

在养殖床内的蚯蚓体重达 400～600 毫克，每平方米密度已达 1.5 万～2.0 万条时，即可采收一部分成蚓。在采收时，可利用蚯蚓避光的特性，在阳光或灯光照射下，用刮板逐层刮料或用钉耙在表层耙动使其蓬松而透光，以驱使蚯蚓下钻到养殖床底部。最后蚯蚓聚积成团，然后把蚯蚓团置于孔径为 5 毫米的大框上。框下放收集容器，在光照下，蚯蚓自动钻入筛下容器上，蚯蚓的粪粒和杂物残留在筛上。

如需净化蚯蚓体内的食物，可将蚯蚓进行自然干燥。在遭受干燥的情况下，蚯蚓自动净化消化道的粪粒，然后在筛网上，用清水冲洗体表。亦可把蚯蚓放入 5 ~ 10 倍的清水中，经 1 ~ 2 昼夜，使体内消化食物排泄在水中，可达到净化目的。

（2）红光夜捕法。

此该法适宜于田间养殖蚯蚓的采收，如威廉环毛蚓、湖北环毛蚓等。利用蚯蚓在夜间爬到地表面采食和活动的习性，在凌晨 3 ~ 4 时，用红灯或弱光灯在田间进行采收。方法简便，采取量较大。

（3）诱捕法。

这既适用于室内养殖床，又适用于大田养蚓的采收。如赤子爱胜蚓的养殖床，在采收前，可在旧饲料表面放置一层蚯蚓喜爱的食物如烂水果、瓜类等，经 2 ~ 3 天，蚯蚓大量聚集在烂水果层或瓜类中，这时可将成群蚯蚓取出，经筛网清理杂质即可。在田间如饲料地或桑园、果园等，可选择蚯蚓喜吃的饲料，堆放在养殖槽附近，次日凌晨在饲料堆中收集诱入的蚯蚓。此法省工省力，又不伤蚯蚓。亦可在沿养殖池或养殖床边沿挖一深 10 余厘米的小沟，沟的两端埋 2 个深约 30 厘米的陶瓷缸，或挖 2 个土坑，夜间蚯蚓沿沟槽爬入瓷缸中或土坑中，黎明前即可采收。

（4）水驱法。

适于田间养殖的蚯蚓的采收。在绿肥或饲料收获后，即可灌水驱出蚯蚓或在雨天清晨，威廉环毛蚓或其他蚯蚓大量爬出地面，这时可组织力量，突击采收。这种采收的蚯蚓必须迅速处理，如移入新养殖坑内，否则易死亡。

（5）蚯蚓法。

这适于田间养殖或野外采集。先选择地表较潮湿、蚓粪堆多、孔洞密的地方，用三齿或四齿铁叉，挖土采收。这个方法简单易行，但费工费力，效率低，又易损伤蚯蚓。

（6）蚯蚓采收

当蚯蚓个体重达到 0.5 克时，每平方米蚯蚓床密度达 1 万 ~ 2

万条时，即可收取成蚓。在养殖床表面，蚓粪的厚度达到 3 万 ~ 5 厘米时及时采收。蚯蚓的采收最经济、最简便的方法是在水泥地面上或在塑料布上，利用蚯蚓怕光的特点，用阳光或强灯光直接照，将混有蚯蚓的饵料逐层扒开，直到堆底蚯蚓成团，1 人 1 天可采收 50 千克左右。此时用刮板将蚓粪刮出过筛，晾干到含水量 30% ~ 40% 时，根据植物的不同生长需要，配制成各种专用肥。

依据蚯蚓饲养密度大小和生产需要合理安排采收蚯蚓，原则上抓大留小。采收方法主要是用特制铁质扁刺小钉耙，把蚓床粪料铲出疏松，再用手拣出含蚯蚓较多的粪料堆放在塑料膜上，因蚯蚓怕光过 15 ~ 20 分钟后蚯蚓逐渐向下移动直到塑料薄膜，然后将表层粪料逐渐括掉放回蚓床，最后剩下的就是干净蚯蚓，此法比较简单实用。

6.2 蚯蚓养殖场建设实践

6.2.1 蚯蚓养殖场规划

第一阶段场地建设共占地 3 块，南北长 173 ~ 210 米，东西宽 185 ~ 205 米，占地面积 36 945.41 平方米（合 55.4 亩）。其中养殖区占地 30 836.20 平方米（合 46.2 亩），晒 / 堆粪区占地 1 743.57 平方米（合 2.6 亩），道路占地 2 325.54 平方米（合 3.5 亩），停车场占地 2 040.10 平方米（合 3.1 亩）。由实地踏勘可看出，地 1 较之于地 2 和地 3，地势最低，因此在场地平整时，可将地 2 和地 3 部分土量填至地 1 中。根据 RTK 实测数据可知，整体地形北低南高，西高东低。地 1 南北最大高差可达 2 米，东西高差 0.8 米左右；地 2 南北高差在 1.0 米左右，东西高差在 1.2 米左右；地 3 南北高度差别不大，东西高差较大，在 2.0 ~ 2.4 米。利用 RTK 高程观测数据对整个区域的挖填方量进行计算，平均标高取地 1、地 2 和地 3 中间道路平均高程 2.5 米（基准点高程设为 0 米），整个区域挖方量为 10 604.5 立方米，填方量为 13 211.3 立方米。因为蚯蚓怕水淹，所以在场地建设过程中应充分考虑场地的排水性，对于排水较差的区域可适当增加排水沟。

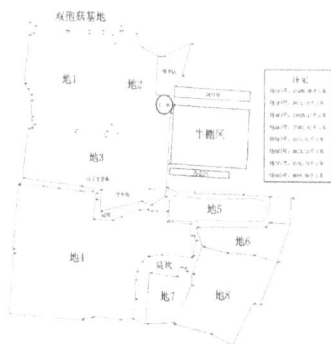

图 6-1　养殖区 CAD 规划图

6.2.2　蚓床建设

蚓床按东西走向、南北排列建设。设定蚓床标准为 60 米 × 1 米 × 25 厘米，间距为每 2 米 80 厘米，其中 80 厘米间距后期种植果木树使用，一方面可以为蚯蚓遮阴，另一方面可以增加土地利用率；2 米间距为上粪通道及后期收获蚯蚓时使用。图 6-2 为蚓床分布示意图。

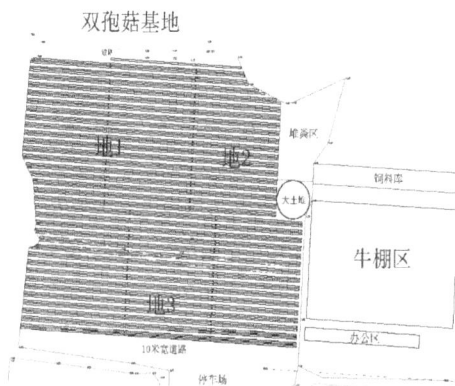

图 6-2　蚓床设计图

由于该区域地形不规整，因此可根据实际情况对蚓床长度进行适当调整。按照土地最大化利用原则对该区域进行规划设计，共设计蚓床 206 个，见图 6-2。蚓床总长度为 12 317.9 米，占地面积 12 317.90 平方米（合 18.5 亩）。其中标准蚓床 130 个（总长度 7 800.0 米），70 ~ 75 米蚓床 20 个（总长度 1 417.8 米），60 ~ 69.9 米蚓床 12 个（总长度 798.4 米），50 ~ 59.9 米蚓床 33 个（总长度 1 840.6 米），40 ~ 49.9 米蚓床 6 个（总长度 289.8 米），30 ~ 39.9 米蚓床 5 个（总长度 171.3 米）。计算土地利用率如下：

$$土地利用率 = 蚓床占地总面积 / 养殖区总面积 \times 100\%$$
$$= 12\ 317.90\ 米^2/30\ 836.20\ 米^2 \times 100\% = 39.9\%$$

一般来说，每头牛产生的牛粪是体重的 5% ~ 6%，250 千克架子牛，育肥达 560 千克出栏，架子牛体重在 250 ~ 400 千克生长周期是 5 个月，架子牛体重在 400 ~ 560 千克生长周期是 4 个月。在考虑生长周期的前提下取平均体重 400 千克。因此，每头牛日均产生约 20 千克牛粪，年均 7.3 吨，养殖肉牛 2 700 头，则每年可产生粪便 20 000 吨。

首期蚯蚓养殖时，每亩地蚯蚓基床占地面积为 666.7 平方米 × 39.9%（土地利用率）=266 平方米，按照基床高度 25 厘米计算，每亩蚓床需要牛粪：266 平方米 × 0.25 米 =66.5 立方米（蚓床主要是第一次养殖需要建，后期仅需要添加饵料）。

后期每期蚯蚓按 8 ~ 10 厘米厚度饵料，每年养殖蚯蚓 8 ~ 10 期，则每亩地需要牛粪：170 ~ 220 立方米 / 年，则 2 700 头肉牛所产粪可以满足 100 亩地的养殖需求。

6.2.3 供水设施建设

第三阶段为供水设施的建设。根据蚯蚓喜湿怕干的特性，除了在蚓床间栽种果木树为蚯蚓提供阴凉外，还需利用微喷管对蚓床进行加湿。由于蚓床为东西走向，且东西距离较远，因此除微喷管外，还应该在蚯床间布设主管线，然后将微喷管接在各自所在区域的主管线上，主管线的布设如图6-3所示。每个蚯床配置一根微喷管，管线走向与蚯床走向一致，整个养殖区管线布设如图6-4所示。

根据设计图可知，共需要主管线654.5米。由于每根微喷管比其所在蚯床长25厘米，因此微喷管总长度可按蚯床总长度加上51.5米（206个×0.25米/个=51.5米）计算，即为12 369.4米。微喷管与主管之间通过微喷管专用接头连接。

6.2.4 栅栏建设

第四阶段为栅栏的建设。为防止猪、鸡、鸭等杂食性畜禽对蚯床造成破坏，在养殖区外围还应使用栅栏进行围护。根据实际测量结果可知，共需要栅栏长度为770.5米。栅栏选用1.5米×（2.2～2.5毫米）注塑铁丝网，采用石桩（高度2.0米）进行固定，石桩间距为3米，需要270根（按5%富余量）。

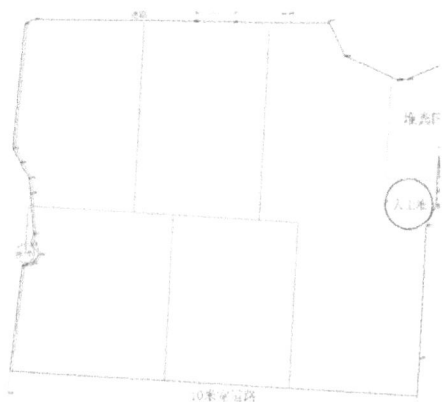

图6-3　主管线布设图（粗虚线）

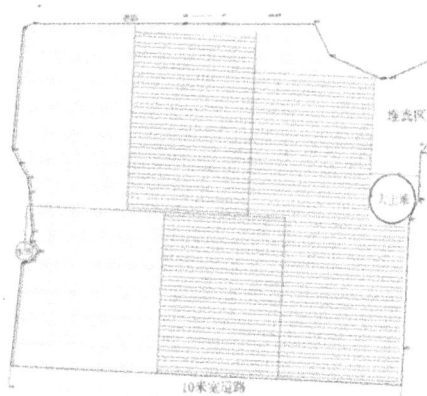

图6-4 管线整体布设图（细虚线为微喷管）

7　日光温室蔬菜大棚建设实践

　　计算机控制系统在温室种植中得到了广泛的应用，使用计算机控制系统可以起到降低人的劳动强度、提高劳动效率、减少设备磨损和消耗、节约能源和物质消耗、改善温室气候、提高作物产量和品质的目的。智控温室大棚是指通过在建设初期，对大棚进行全自动控制和监测进行规划设计，实现后期可以对大棚内外数据项目采集、通风灌溉等自动化进行，并实现对大棚进行 24 小时视频监控管理等。

7.1　日光温室蔬菜大棚建设

　　蔬菜大棚造价虽然在近几年增长幅度较大，由原来 1 亩蔬菜大棚造价大约在 2 万元，增长到现在的 3 万～5 万元，但是换来的技术进步和完善设施，极大地促进了大棚蔬菜的管理技术和大棚设施的发展进步，实现了大棚蔬菜科学化、规模化生产，大大提高了蔬菜大棚的亩产量，使种植农户获得了较高的经济效益。

　　蔬菜大棚造价组成主要包括墙体砌筑、大棚骨架、大棚保温材料、卷帘机等方面。下面以比较普遍采用的 100 米长，跨度 10 米，高度 4.5 米，占地约 3 亩地的蔬菜大棚为例，详细分析蔬菜大棚的造价组成与建设情况。

7.1.1 蔬菜大棚墙体

最早的蔬菜大棚的墙体结构主要使用土混合、麦秆、水经人工打垒而成，这种墙体的蔬菜大棚造价虽然较低，但是受人工水平限制，大棚后墙高度较矮（老式蔬菜大棚宽度一般为6～8米），限制了大棚的跨度和种植面积，影响了大棚亩产经济效益。

现在蔬菜大棚全部使用机械砌建土墙，挖掘机、推土机经过多次垫土、碾压形成高强度、耐雨雪冲刷的土墙，虽然一亩蔬菜大棚造价较原来增加了几千元，但是后墙的高度和牢固度得到大幅提高，而且蔬菜大棚宽度可以达到10～16米，扩大了单个蔬菜大棚的种植面积。目前，蔬菜大棚土墙造价大约在每米75～85元，它包括机械托运费用、建设费用等。墙体达到100米的蔬菜大棚造价大约在8 000元，占到了蔬菜大棚造价的11%～13%。建设蔬菜大棚时跨度最好不要超过16米，一方面跨度16米以上的蔬菜大棚因为材料加强和墙体建筑成本高，会大幅增加蔬菜大棚造价；另一方面，为了保持良好的采光角度，蔬菜大棚墙体必须建设一定高度，势必占用更多土地，造成大面积遮阴，土地使用率较低。

图7-1 蔬菜大棚墙体

7.1.2 蔬菜大棚骨架

蔬菜大棚的骨架结构从原来的竹竿、铁丝捆绑，发展到现在已经采用全钢架一体焊接式骨架，这种骨架主要采用1寸或6分热镀锌圆管焊接构成，这种大棚骨架造价在每平方米 35 ~ 45 万，做成后蔬菜大棚造价 3.3 万元左右，合计到一亩蔬菜大棚造价在 1.4 万元左右。

图 7-2　蔬菜大棚骨架

这种新型棚面骨架在耐用性、整体牢固性方面得到大幅提高，提高了抗击自然灾害的能力，降低了蔬菜大棚的种植风险。新型大棚骨架延长了蔬菜大棚的使用寿命，使用时间可达 15 ~ 20 年，按照使用年限和经济效益来计算，这种骨架的蔬菜大棚造价并不高。

7.1.3　蔬菜大棚薄膜

蔬菜大棚原来受制于国内农膜技术水平限制，国外进口的优质农膜价格过高很少采用，大棚薄膜质量不好，导致蔬菜产量上不去。现在，随着国内农用薄膜的发展，蔬菜大棚基本全部使用双防大棚薄膜，这种薄膜透光率高，具有防流滴、抗撕拉、耐刺穿的特性，使用效果好、寿命长。

普通双防大棚薄膜售价在每平方米 1.6 ~ 2.6 元，综合大棚上的风口膜、拉模钢丝、滑轮等设施，薄膜覆盖后说大棚造价在 5 000 元左右，折合一亩蔬菜大棚造价在 2 000 元左右。

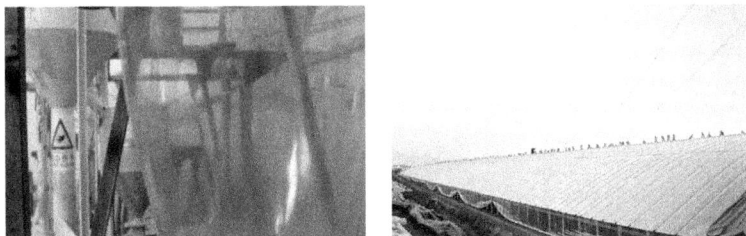

图 7-3 蔬菜大棚薄膜

7.1.4 蔬菜大棚保温棉被

原来蔬菜大棚保温主要使用草毡，现在已经逐渐被新型复合大棚保温棉被取代。相较传统草毡，大棚保温被具有重量轻、防水防雪、保温效果好（夜间能提高 4 ~ 6℃），而且不会像草毡一样经常戳破大棚薄膜，而且使用寿命过短。比如，每平方米 5 斤的保温棉被，根据质量不同，价格大多在每平方米 10 ~ 13 元，一个蔬菜大棚总造价接近 1.2 万元，折合一亩蔬菜大棚造价大约在 5 000 元，占到了蔬菜大棚造价的 15% 左右。

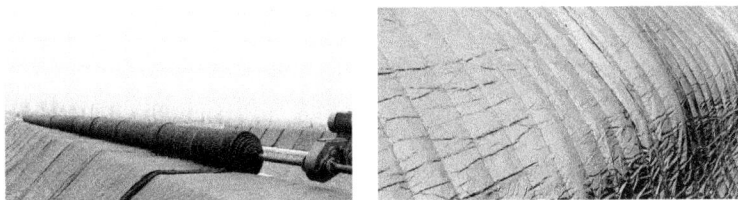

图 7-4 蔬菜大棚保温棉被

长期来看，由于采用新型多层复合材质，大棚保温被使用寿命较长，可达 6 ~ 8 年，反而降低了整体蔬菜大棚造价。

7.1.5 蔬菜大棚卷帘机

原来，由于蔬菜大棚采用草毡作为保温材料，蔬菜大棚种植户大都采用人工卷铺。这项工作费时费力，劳动强度比较大，人工劳动成本较高，而且操作过程较为危险。现在，大棚卷帘机普及后，大幅降低了人们的劳动强度，降低了人工成本，种植户只需按动开关就可自如控制卷铺，由于效率较高，不需要像草毡一样提前卷铺，提高了蔬菜大棚蔬菜的采光时间，提高了大棚种植效益。

图 7-5　蔬菜大棚卷帘机

安装一套自走式卷帘机价格在 5 000 元左右，也就是一亩蔬菜大棚造价在 2 200 元左右。

7.1.6　蔬菜大棚人工

建设一个这样的蔬菜大棚需要 8 ～ 10 个人工，建造一个蔬菜大棚费用在 6 000 元左右，也就是一亩蔬菜大棚造价在 2 600 元左右。

通过以上分析总结，一个 100 米的蔬菜大棚造价在 7.6 万元左右，折合一亩蔬菜大棚总价在 3 万元上下，其中材料成本占到了蔬菜大棚造价的 90% 以上，人工建设成本仅占蔬菜大棚造价的 9% 左右。当然，根据建造数量和材料规格要求不同，蔬菜大棚造价也会有些差异，材料价格是大体估算的价格，具体还要参考当地的成本为准。

7.1.7 两种不同结构的蔬菜大棚比较

蔬菜大棚一般以土墙为墙体结构，这种墙体结构充分利用了土壤的天然蓄热保温能力，冬季保温效果非常好，降低冬季取暖成本，又节能环保，且蔬菜大棚造价较低，适合大面积推广建设。根据蔬菜大棚内部结构划分，可以分为有立柱和无立柱两种，主要包括墙体砌建、大棚骨架及配件、大棚薄膜、保温材料、卷铺设施和人工建设费用等内容。

图 7-6 两种不同结构的蔬菜大棚比较

有立柱蔬菜大棚以钢筋混凝土立柱作为棚面支撑力立柱，一般3.6米一排立柱，立柱上用6分或1寸热镀锌圆钢作为大棚桁架，每排立柱间使用5根6分热镀锌圆管作为副拱架，拱架下方东西方向每隔30厘米拉一道26#热镀钢丝，增强骨架和棚面支撑。最后覆上薄膜、保温被，加设卷帘机就基本完成，建设这样一个100米的蔬菜大棚造价在7.6万左右。

无立柱蔬菜大棚室内没有立柱，只有后墙处有一排支撑立柱，用来支撑大棚桁架。其大棚桁架一般使用1寸热镀锌圆管作为上弦，10# 或 12# 圆钢作为下弦和拉花，焊接完成后进行防锈处理，东西方向再横拉 5 根 4 分或 6 分热镀锌圆管起到加固作用，这种结构坚固、整体性强，室内操作空间大，土地利用率较高。其他与有立柱蔬菜大棚基本一致，建设这样一个蔬菜大棚造价在 8.5 万元左右，也就是一亩蔬菜大棚造价在 3.3 万元左右。

从以上总结可以看出，两种结构的蔬菜大棚主要区别在于棚架支撑方式，由于有立柱温室采用钢筋混凝土立柱支撑，减轻了对大棚骨架的承重强度，节省了一部分钢材成本和加工成本，降低了整体的蔬菜大棚造价。但是，有立柱蔬菜大棚造价较低，具有明显比较优势。

蔬菜大棚经过 30 年的发展，目前形成了以冬暖型日光温室为主要形式的蔬菜大棚，墙体使用土壤砌筑，采用半地下式结构。这种结构的蔬菜大棚造价较低，适合在广大经济欠发达的农村地区大面积推广。相较种植粮食作物，发展大棚蔬菜经济效益高十几倍，投资建设蔬菜大棚是提高农民经济收入和发展地方经济的好渠道。

7.2 日光温室蔬菜大棚控制系统

7.2.1 功能设计

通过智能控制系统控制器实现对温室内植物生长环境的控制，一方面提供给作物最合适的生长环境条件，提高作物产量和品质；另外一方面，用户通过对系统的使用，可以实现节约劳动力、节约能源，从而获得利润最大化。

植物生长需要合适的温度、湿度、光照、CO_2，通过控制器可以实现将一天 24 个小时划分为四个独立的时间段来设定温度、湿度。众所周知，在白天和晚上植物生长对温度的需求是不一样的，因此我们通常会设定植物在白天的温度和在晚上的温度。我们也知道，白天的上午、中午、下午，不同的时间段其气候特征也是不一样的，上午太阳升起，温度慢慢升高，湿度随温度升高而降低；中午温度高，湿度低；下午逐渐温度降低，湿度开始随温度降低而升高。因此，我们不能简单把白天当作一个时间段来处理，而应该是分成多个时间段来设定温度、湿度，这样既可以达到满足植物生长所需要的温度、湿度等，又可以最大限度地实现能源的节约。

控制器一方面是通过所连接的一系列传感器，获得温室外部气象条件如室外温度、光照、风速、风向及雨量传感器等，温室内植物生长所需要的温度、湿度、光照等；另一方面用户可将自己的种植策略通过控制器本身的液晶显示界面或者与控制器连接并安装有相应配套操作软件的计算机进行输入。这样控制器将根据系列传感器所获得的数据 + 用户对系统的设定，识别和给出指令以控制系统相连接的设施设备，如顶开窗、循环风扇、内外遮阳网电机、水帘水泵和风机分步骤启动等。

（1）数据采集功能。

通过网络通信采集温室内外传感器数据，满足不同用户的各种需求，能提供多种问题的解决方案。

（2）多种操作功能。

应设计有"自动 / 手动"操作模式。自动模式即由控制器根据现场种植设定值及传感器数据自动控制现场设备调控达到目标设定值。种植设定值由现场农艺人员通过触摸屏修改设定；现场农艺人员通过计算机存储的大量历史数据进行分析归纳进而生成存储自己多套种植设定值并随机调用和再修改。手动模式即在各种异常情况下或维修调试时，在现场由农艺人员 / 维修员进行就地操作。

（3）安全管理功能。

设计多用户安全管理即多种用户权限——系统管理员、农艺管理员、普通人员。对系统能够有效地管理起到了保驾护航的作用。

（4）报警处理功能。

根据农艺管理员的种植报警设定值及现场传感器数据进行监测报警。在触摸屏及计算机上生成报警记录，同时通过短信方式发送信息及数据到指定号码的手机上。

（5）互联网监测功能。

系统的计算机通过接入互联网可实现远地监测功能。通过计算机浏览器如 Internet Explorer（微软 IE 浏览器）输入地址进行远地监测温室实时数据画面。

7.2.2 智能监测

在农业生产过程中，农作物的生长与自然界的多种因素息息相关，其中包括大气温度、大气湿度、土壤的温度湿度、光照强度条件、CO_2 浓度、水分及其他养分等。传统农业作业过程中，对这些影响农作物生长的参数进行管理，主要依靠人的感知能力，存在着极大的不准确性，农业生产也就成为一种粗放式管理，达不到精细化管理的要求。

智能检测系统，指的是通过物联网技术实时采集温室内温度、土壤温度、CO_2 浓度、湿度信号以及光照等环境参数，自动开启或者关闭指定设备。可以根据用户需求，随时进行处理，为设施农业综合生态信息自动监测、对环境进行自动控制和智能化管理提供科学依据。通过模块采集温度传感器等信号，经由有线或者无线信号收发模块传输数据，实现对大棚温湿度的远程控制。

整套系统由空气温度、湿度采集器、光照强度采集器、二氧化碳浓度采集器、485 总线、警报系统以及智能监测平台软件组成，如图 7-8 所示。

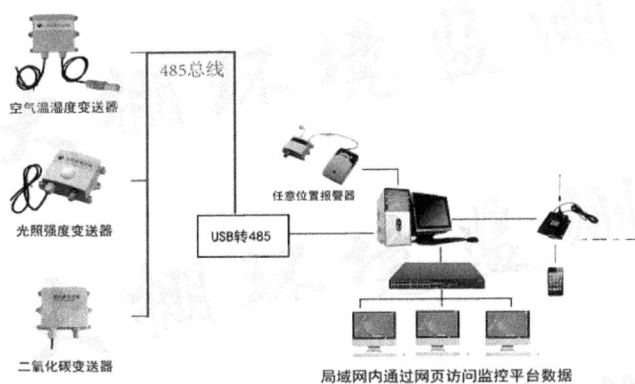

图 7-8 监控系统组成图

7.2.2.1 采集终端

空气温湿度采集器、光照度采集器、CO_2 采集器。根据温室大棚实际现场需求最后来确定每种测点的数量。

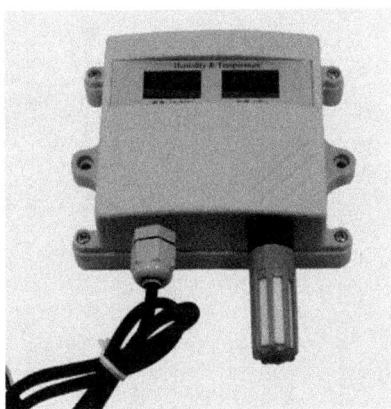

图 7-9 空气温湿度采集器

直流供电（默认）		10-30VDC
最大功耗	电流输出	1.2W
	电压输出	1.2W
精度	湿度	±3%RH(5%RH~95%RH,25℃)
	温度	±0.5℃ (25℃)
变送器电路工作温度		-20℃~+60℃，0%RH~80%RH
探头工作温度		默认-40℃~+120℃
探头工作湿度		0%RH-100%RH
长期稳定性	湿度	≤1%RH/y
	温度	≤0.1℃/y
响应时间	湿度	≤5s(1m/s 风速)
	温度	≤15s(1m/s 风速)
输出信号	电流输出	4mA~20mA
	电压输出	0~5V/0~10V
负载能力	电压输出	输出电阻≤250Ω
	电流输出	≤600Ω
注：带显示产品最大电流增加 5mA		

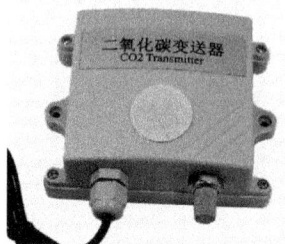

图 7-10　二氧化碳采集器

直流供电（默认）		DC 10-30V
最大功耗	电流输出	1.2W
	电压输出	1.2W
精度	CO2 浓度	±(40ppm+ 3%F·S)(25℃)
工作温度		-20℃~+60℃，0%RH~80%RH
长期稳定性		≤30ppm/y
响应时间		≤10s(1m/s 风速)
预热时间		2min (可用)、10min (最大精度)
输出信号	电流输出	4mA~20mA
	电压输出	0~5V/0~10V
负载能力	电压输出	输出电阻≤250Ω
	电流输出	≤600Ω

图 7-11　光照采集器

7.2.2.2　485 现场布线

485 总线建议用 RVV4.0 米 ×0.5 米的线缆，需要注意的是，485 总线可以达到 2 000 米，但是总线到每个测点的分支线不可以超过 1 米；24V 电源线可伴随 485 一起布线，但若测点数量超过 25 台建议分段供电，一个 485 网络里最大可容纳 250 个 485 型测点。

直流供电（默认）		10-30V DC
最大功耗	电流输出	1.2W
	电压输出	1.2W
精度	光照强度	±7%(25℃)
光照强度量程		0~20万Lux范围内可选
工作温度		-20℃~+60℃，0%RH~80%RH
长期稳定性	光照强度	≤5%/y
响应时间	光照强度	0.1s
输出信号	电流输出	4mA~20mA
	电压输出	0~5V/0~10V
负载能力	电压输出	输出电阻≤250Ω
	电流输出	≤600Ω
关于型号		
基础型号		RS-GZ-*-2-*
4~20mA输出		RS-GZ-I20-2-*
0~5V输出		RS-GZ-V05-2-*
0~10V输出		RS-GZ-V10-2-*
量程选择		0-2000；0-10000；0-20000；0-65535；0-20万Lux
		其他量程可定制
订货举例		RS-GZ-I20-2-65535 4~20mA输出，65535LUX量程

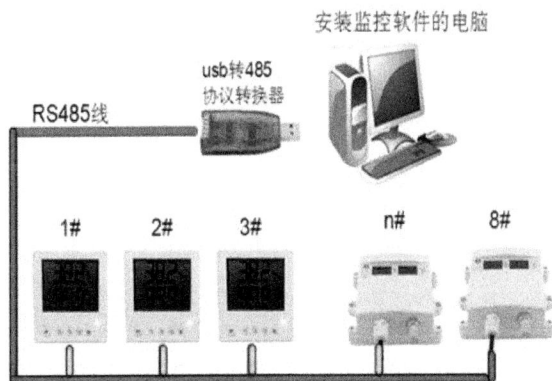

图 7-12　采集器通过 485 总线安装示意图

7.2.2.3 软件平台

监测平台软件可实现数据的实时显示、实时曲线查看、历史曲线查看、数据记录、超限报警、短信报警、邮件报警、数据导出、远程 web 访问等功能，实现对大棚内环境量的 24 小时不间断的全程监测。监测平台软件最终将与控制平台软件对接，形成智能控制系统，将是数据中心建设的重要组成部分。

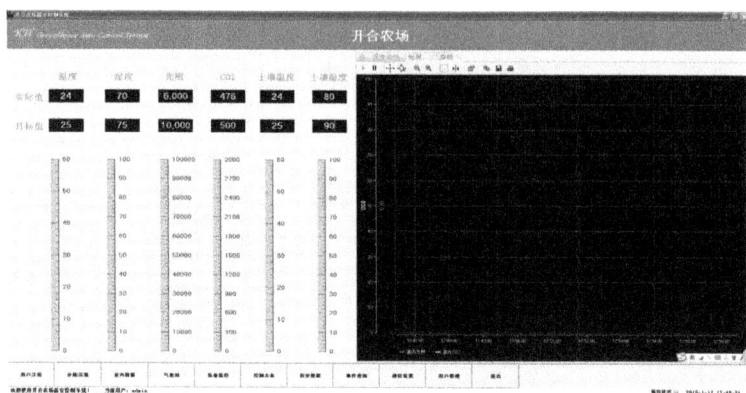

图 7-13　监测软件

主要功能如下：

（1）基于 web 浏览分权限查看、下载数据，实时曲线展示、列表展示、图形显示。

（2）可接入 空气温湿度采集器、光照度采集器、CO_2 采集器等设备。

（3）数据单位、数据转换、越限图形报警，语音报警内容可自定义。

（4）历史数据、报警数据记录、查询与更改。

（5）可以配置短信猫，可实现短信报警支持同时给 1 ~ 10 人发告警短信。

（6）邮件报警，支持给 1 ~ 10 个邮箱发告警邮件 。

（7）可支持 Access 数据库、Sql Server 数据库及 MySql 数据库。

（8）提供接口，方便与其他系统对接，如：商品溯源系统。

7.2.2.4 设备清单

设备名称	数量
空气温湿度采集器	2～4个
二氧化碳采集器	1～2个
光照采集器	2～4个
USB 转 485/ 以太网型集中器	1个
24V 电源	2～4个
任意位置的报警器（选配）	1套
短信猫（选配）	1套
智能监测软件平台	1套
RS485 线（RVV4*0.5）	若干米
服务器	台

8 农场综合信息系统

随着科学技术的进步，物联网和制造业服务化迎来了以智能制造为主导的第四次工业革命。农业作为工业生产原材料的提供行业和工业制成品的使用行业，也必将融入这场时代的变革，向农业智能化时代即农业 4.0 时代发展。作为农业 4.0 的重要内容之一，农牧行业也将发生深刻的变革，智能化、网络化、精细化和便捷化以及原生态循环体经济的时代即将到来。农业 4.0 是以物联网、大数据、移动互联、云计算技术为支撑和手段的一种现代农业形态，即智能农业，也是继传统农业、机械化农业、信息化（自动化）农业之后，进步到更高阶段的产物。纵观国内外现代农业发展历程，可以分为四个阶段：早期农业是依靠个人体力劳动及畜力劳动的农业经营模式，人们主要依靠经验来判断农时，利用简单的工具和畜力来耕种，主要以小规模的一家一户为单元从事生产，生产规模较小，经营管理和生产技术较为落后，抗御自然灾害能力差，农业生态系统功效低，商品经济较薄弱。农业发展初期，即机械化农业，是以机械化生产为主的生产经营模式，运用先进适用的农业机械代替人力、畜力生产工具，改善了"面朝黄土背朝天"的农业生产条件，将落后低效的传统生产方式转变为先进高效的大规模生产方式，大幅度提高劳动生产率和农业生产力水平。随着计算机、电子及通信等现代信息技术以及自动化装备在农业中的应用逐渐增多，农业将步入新模式。即信息化（自动化）农业，是以现代信息技术的应用和局部生产作业自动化、智能化为主要特征的农业。

信息技术发展到新阶段即可产生新的农业发展模式即智能化农业，这是融合物联网、云计算和大数据的高度智能化农业，其目的是实现大范围大尺度的农业生产全局的最优，以最高效率地利用各种农业资源、最大限度地降低农业能耗和成本、最大限度地保护农业生态环境以及实现农业系统的整体最优为目标；以农业全链条、全产业、全过程、全区域智能的泛在化为特征，以全面感知、可靠传输和智能处理等物联网技术为支撑和手段；以自动化生产、最优化控制、智能化管理、系统化物流、电子化交易为主要生产方式的高产、高效、低耗、优质、生态、安全的现代农业发展模式与形态。智能农业在我国尚处概念、理念、设计和试验示范阶段：黑龙江省侧重在大田作物生产中搭建无线传感器网络，借助互联网、移动通信网络等进行数据传输及数据集中处理和分析，支撑生产决策；江苏省开发了国内领先的基于物联网的一体化智能管理平台，侧重在水产养殖等方面进行探索；山东在设施温室和菌菇养殖的整体行业信息化推进进步明显；浙江省重点在设施花卉方面应用物联网技术，各项环境指标通过传感器无线传输到微电脑中，实现了花卉种植全过程自动监测、传输控制；安徽省小麦"四情"监测项目建设已经启动。此外，河南、重庆、辽宁和内蒙古等地也开展了一些探索工作。

现阶段，我国智能农业主要以物联网技术在各领域各环节的示范推广应用为主，还未实现大规模、高阶化的应用。随着农业电商、农产品物流、农业市场化服务的快速发展，大数据、云计算、移动互联等也得到了广泛的应用，并与物联网技术进行了有效地融合。在电子商务方面，由于电子商务所具有的开放性、全球性、低成本、高效率的特点，使其大大超越了作为一种新的贸易形式所具有的价值。它一方面破除了时空的壁垒，另一方面又提供了丰富的信息资源，不仅改变生产个体的生产、经营、管理活动，而且为各种社会经济要素的重新组合提供了更多的可能，这些将影响到一个产业的经济布局和结构。就如农产品。所谓农产品电子商务，就是在农产品生产销售管理等环节全面导入电子商务系统，利用信息技术，进行供求、价格等信息的发布与收集，并以网络为媒介，依托农产品生产基地与物流配送系统，使农产品交易与货币支付迅捷、安全地得以实现，进而建立起适合网络经济的高效能的农产品营销体系。

因此，纵观科学发展规律，农业产业化的不断发展，必然趋于物联网下的电子商务模式。首先，质农产品需要通过电子商品平台寻求更广阔的市场，进入大市场、大流通，指导生产与需求挂钩，加强消费引导生产的功能，打通产需瓶颈；其次，传统的农产品销售方式难以在消费者心中建立起安全信誉，也难以确保生态农业基地生产的优质农产品的价值，很多绿色有机农产品因无法让更多的消费者所认知了解，无法造成产品滞销而消费者又买不到合适的产品，物联网平台的建设，将实现产品从科学化种（养）植到产品成长的透明化监控，以及销售全过程的可追溯，提升产品品牌形象。

8.1 建设方案

8.1.1 建设目标

基于此现状，搭建农产品电子商务交易平台并结合线下交易中心，打造线上线下一体化农产品交易平台，同时将智慧农场的农产品动态监测数据与商务平台有机融为一体，为消费者建立一个农产品生产、管理、销售可追溯透明的监管体系，不仅引领了我国传统农业向"透明化"、"信息化"、"标准化"、"品牌化"的现代农业转变，并且还将促进特色农产品走向"高端"发展路线，促进有机产品更进一步走进消费者的生活。

农场是智能化的集育肥肉牛和有机蔬菜种植于一体的数字化农场。所有育肥肉牛均采用科学喂养，大棚建有智能化监控、喂养管理系统，每头牛都有独立的全生命周期监管电子标识，用来记录肉牛流转、喂养情况、定期身长体重等信息；所有有机蔬菜大棚都采用自动灌溉施肥系统并结合各类指标检测传感器对其生长环境 24 小时监控，采集打包后都印有唯一出厂标识，为后续的销售流通提供追溯跟踪。

8.1.2 建设需求

8.1.2.1 农场门户

智慧农场门户是指农场的门户网站，它是企业占领互联网这一第四媒体的宣传阵地，利用它面向全球展示了企业的形象、品牌、文化和产品。建立门户主要目的：提升企业形象，展示企业实力；全面详细介绍公司和产品；使公司具有网络沟通能力；可以与客户保持密切关系；可以与潜在客户建立商业关系；及时收集市场反馈信息。建设内容包括：

（1）平台提供农场介绍、特色等基本信息页面窗口。

（2）平台提供农场交通、联系方式、电子地图等信息。

（3）平台提供农场相关信息发布、行业信息发布等功能。

（4）平台提供整个智能化农场的三维实景仿真，消费者可以通过互联网体验真实的农场实景。

（5）平台提供农场产品展示目录缩图列表，支持按列表显示和按图片显示两种模式。

8.1.2.2 产品展示平台

产品展示平台功能包括：

（1）平台提供产品分类的维护和展示功能。

（2）平台提供商品列表页面，商品支持按价格、销量、访问量进行排序，支持按类型检索查找。

（3）平台提供高级检索功能，支持按商品不同规格、特性进行组合检索。

（4）平台提供商品的详细页面，页面提供图文介绍、商品各类属性信息、价格、规格等信息，提供全景展示按钮、分享微信功能。

（5）平台商品详细页面还提供商品大棚展示、饲养（种植）历史数据详情查看、对于肉牛提供实时视频查看功能。

（6）支持加入购物车及一键下单功能。

（7）针对特定商品支持一键咨询沟通、留言咨询等功能。

（8）平台提供交易流程说明、物流说明、购物电子合同模板等展示。

8.1.2.3 商务交易平台

商务交易平台功能包括：

（1）平台支持商品购物车功能，可以多件次商品的添加。

（2）支持商品在线下单功能、提供数量修改、备注修改等功能。

（3）平台支持商品在线交易，交易方式采用支付宝、网银等多种接入手段，保证买卖双方资金安全。

（4）平台支持消费者订单管理功能，实现对历史订单、正在交易订单的查看。

（5）平台支持订单状态的查看，实现对未付款、已付款、未发货、已发货、未收货、已收货、退单等多种状态跟踪。

（6）平台支持物流进度跟踪功能，实现订单物流状态的实时更新。

（7）平台支持订单与电子合同的关联，每份订单都提供一份电子交易合同。

（8）平台支持对不同地域的物流费用管理，根据消费者收货地址自动匹配物流费用，部分地区可以设置包邮服务。

（9）对于所有订单，平台提供后台支持对订单进行审核，审核通过并资金到账后，交易提交线下交易中心专门窗口进行处理。

（10）平台提供商品下单过程在线售前在线支持。

8.1.2.4　在线交流平台

在线交流平台功能包括：

（1）平台提供售前客服与消费者在线进行沟通，聊天记录永久保存。

（2）形成订单的沟通记录，随订单一并关联保存。

（3）在线客服提供多种接入方式：WEB 接入、QQ 客服、阿里旺旺客服。

（4）提供在线留言功能，客服人员可以根据留言回复消费者内容并公开。

8.1.2.5　帮助中心

帮助中心提供了系统主要操作的帮助文档和相关的操作指南，用户可以在帮助中心下载查看主要的法律政策，操作帮助，交易须知等内容，更好地帮助用户来了解和使用电子商务平台。同时帮助中心还提供人工语音帮助服务和在线帮助系统，用户也可以直接在线与帮助中心联系获得帮助。

8.1.3　建设内容

农场旨在打造一个全新生态智慧农场，通过育肥肉牛和有机种植形成一个闭环式的生态循环环境，保证了肉和有机产品的食品安全和营养成分的科学配比；整个生产过程中，依托科学的智能化管理系统，为肉牛和有机产品提供提供科学的养殖（种植），减少产品养殖（种植）过程中的病情和虫灾害；结合线下实体交易中心与线上虚拟交易中心，共同打造一体化产销交易平台，减少中间流通环节降低产品价格，促进有机食品的大众化。

为了保证整个农场每个环节的正常运转，需要结合互联网技术和物联网技术在其他行业的成果经营，也需要结合网络营销的成本优势和以点带面的销售手段，因此，建设内容如图 8-1 所示。

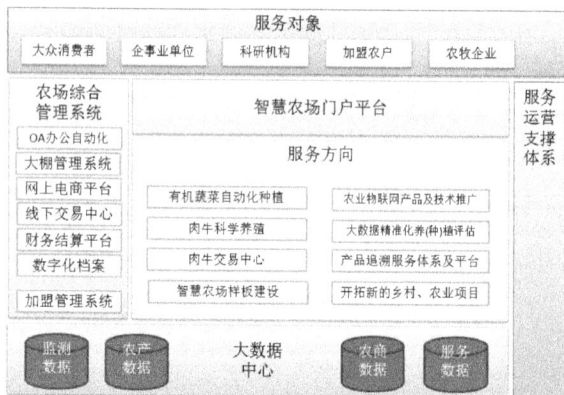

图 8-1 建设内容

8.1.3.1 智慧农场门户建设

门户网站是农场对外的一个综合展示窗口,通过门户网站可以了解到整个农场的基本概况、动态信息、产品信息等,以及通过门户可以实时与农场售前售后进行在线咨询,了解沟通最新的相关信息,智慧农场门户还基于三维实景提供真实的 VR 沉浸式体验,可以从各个角度对三维下的农场进行参观体验。

智慧农场门户建设内容包括:展示智慧农场限公司的形象;公布农业消息,有利于消费者更直接地了解具体情况;为消费者提供便捷服务,帮助消费者实现足不出户的购买需求;采集和了解消费者遇到的问题和建议;实现智慧农场公司和消费者更好地沟通。整个智慧农场门户前台部分组成如图 8-2 所示。

智慧农场后台管理主要是负责对前段内容信息进行编辑维护,对于新闻支持不同类型的新闻后台发布,对于产品支持目录更新和产品级别的更新,其他信息均提供后台维护方式,实现门户交付后,由农村网站管理员可进行日常的信息发布和信息更新。网上商城为链接形式,跳转到农村电子商务平台网站。

图 8-2 智慧农场门户前台部分组成图

门户其他要求：

（1）整体页面风格体现智慧和农场两大主题色彩和要素，大气、时尚；

（2）首页是门户的核心页，提供 2～3 套不同的布局风格，供选择；

（3）支持手机端浏览模式；

（4）开发语言不限（ASP、JSP、ASP.NET、PHP 均可）数据库优先采用本地数据库；

（5）前后台独立，前台采用存静态发布页面，后台提供全面的前台维护管理功能，支持静态页面的更新和生成；

（6）兼容不同的浏览器和适应不同分辨率下的页面展示；

（7）提供分析网站的 IP、访问入口、页面浏览等数据工具，让企业实时评估网络推广的效果。

8.1.3.2 数据中心的建设

智慧农场最为基础的就是数据，整个智慧农场之所以体会出智慧，也就是因为它由不同的数据单元，经过不同的处理分析环节转化为实际管理、交易、流通等辅助依据和决策指导。

数据中心的目的就是将各类分散的数据采用集中存储，分类管理，进而为农场的管理、经营提供深度挖掘基础，实现科学规划数字化管理，如图 8-3 所示。

图 8-3 数据中心建设内容

（1）肉牛档案数据：为养殖的每一头肉牛都建立一套独立的数据档案，内容包括肉牛采购时候的基础数据、养殖过程中的日常体重、身长等数据，档案数据还包括肉牛成长过程中的喂食情况、体检医疗情况等。每头牛都有独立的身份标识卡（植入式RFID），实现肉牛和档案的一一绑定。

（2）有机蔬菜档案数据：有机蔬菜不同于肉牛可以通过身份识别卡一一绑定档案，系统针对此，采用同一棚同一采集批次为一个基础档案单元，用来标识，档案记录蔬菜类型、种植日期、日常生长数据、施肥、灌溉等基础数据。

（3）采集监测数据：采集数据种类较多，不同的数据采集周期不一，每一个传感器在系统中都除了有唯一标识编号外，还需要绑定采集器的类型、采集器所对应的大棚、相对坐标位置；记录采集器采集到的数据时间、采集量。

（4）市场行情采集数据：通过对行业内各地肉牛、有机蔬菜类的行情数据进行自动和人工两种收集方式，记录采集日期、时间、地域情况、价格等信息，为后期辅助分析价格走势、地域差异作为指导依据。

（5）历史产量信息：记录大棚有机蔬菜出棚的情况，详细记录日期、出棚种类、产量等相关基础信息。

（6）历史交易数据：交易数据涉及线下交易中心联网数据和网上交易平台交易数据，详细记录交易商品的属性、订单情况、客户情况、支付方式、价格、时间等，交易数据必须是以多数据冗余方式存储记录，因此数据中心对于交易数据，设计上必须加以重视。

（7）财务基础数据：记录农场日常财务基础情况，主要为财务相关软件提供联网存储。

（8）交易订单数据：交易订单数据和历史数据区别在于交易周期未完成，需要增加对交易状态进行跟踪存储，如：已下单、已付款、已发货、已收货、退货已发出、退货已收回、已退款等。

（9）门户网站数据：主要服务于门户网站，提供产品图片、程序数据的存储。

（10）日常办公数据：存储日常 OA 系统、邮件系统、客户管理系统等相关数据。

（11）生产经营数据：同日常办公类似，主要存储日常经营中的一些过程文件数据等。

（12）商城网站数据：存储网上商城产品、价格、图片、交易、程序等数据。

（13）其他数据：作为数据中心，还有一些管理、决策需要提取的中间统计分析数据、文件等。

8.1.3.3 电子商务平台

电子商务平台在当前的商务交易中逐渐占据了很大的比例，

不同的企业电子商务平台对于用户体验、商品管理、支付交易、物流运输等方面相似，如图 8-4 所示。智慧农场电子商务平台在整体设计上，依据目前主流的电商平台进行设计，但是集合农牧产品的销售特点，平台需要兼顾以下需求：

电子商务平台

首页

| 农场实景 | 农场地图 | VR体验 | 农场视频 |
| 新品推荐 | 肉牛 | 新增生蔬 | |

商品分类

| 肉牛系列 | 有机生蔬 | 智能大棚 |

热销活动

| 服务中心 | 交易帮助 | 合同模板 | 物流运输 |
| 互动交流 | 建言献策 | 联系方式 | 在线咨询 |

图 8-4　电子商务平台建设内容

（1）智慧农场农牧产品作为销售的商品，与传统的商品有着不同的属性，同时在销售过程中，这些商品还处于一个成长周期，因此农牧产品的展示，具有很鲜明的产品更新状态。此外，农牧产品的成本随着成长周期推荐是变动的，因此商务平台需要兼顾。

（2）商务平台需要打通销售商品和智慧农场数据、传感器的交互，消费者可以通过商品描述、图片了解商品外，还可以通过调用商品成长数据、全景展示、VR 三维展示、实时视频等多种方式对商品进行深度了解，提升消费者对商品的认识。

（3）商务平台除提供商品直销外，还需要提供商品预订功能，实现消费者根据自己的喜好、需求预订特定条件下的商品，实现在线交易。

（4）商务平台还需要大客户订购、在线洽谈等专项服务功能，实现线上线下交易相辅相成、优势互补，促进买卖双方形成合作。

（5）电子商务平台需要提供完善的在线客服、访客跟踪功能，提供访问统计、用户来源地分析等反向追踪功能。

（6）电子商务平台需要支持 PC 端访问、手机端访问等多种终端方式，同时在线下交易中心，也可以提供大屏交易方式。

（7）商务平台需要提供完善的后台管理功能，维护产品目录和跟踪用户订单等。

8.2 系统实现

8.2.1 门户设计

8.2.1.1 技术分析

通过对农场门户网站建设需求的分析，建议整个门户采用互联网上成熟的商业模板作为基础，可以实现快速开发、功能强大、代码安全等多个优势，对于一些特定的功能如三维场景、VR 体验等功能则需要单独开发独立的功能页面，与门户整体进行一个整合即可。技术上整个门户是基于 PHP 和 MySQL 技术开发，可以同时使用在 Windows、Linux 平台。

8.2.1.2 空间和域名

（1）空间服务厂商：空间考虑到门户网站和后续的商城都需要统一的服务空间，因此数据空间建议采用万网提供的云主机，阿里提供的安全技术和可动态扩展的弹性配置，更适合企业门户和小型商城的服务器的搭建。

（2）空间存储容量：门户网站所需要的空间存储有限，但是由于智慧农场中增加了三维展示、全景展示、VR 体验等，因此在存储空间上需要具备一定的空间冗余，建议采用 40 ~ 80G 的云主机空间。

（3）空间服务器配置：门户网站较多的是静态页面及图片的展示因此对服务器要求相对较低，所以配置上建议采用万网基础型云主机即可，后续若在访问性能或者并发用户上有更进一步的需求，可以动态升级主机配置而不影响门户的访问。

（4）门户域名：门户域名是为互联网用户访问农场门户提供的一个访问地址，在门户域名选择上要遵循两个原则。

首先，简短、易记：域名名字不易太长，而且经历和农场的名称或者公司的名称保持一个对应关系，如农场拼音、拼音首字母、首字母加地区区号或者其他一些具有一定表述意义的组合。

其次，域名类型的选择：一般国内企业门户均可采用 .COM 或 .CN 域名类型。

8.2.1.3 设计方案

如图 8-5 所示。整个门户采用草绿色为主色调，体现农场的绿色、生态、健康主题，门户通过分类导航，引导想了解门户的访问用户，可以快速找到所关注的内容；门户还需要提供动态新闻文字新闻发布、图文新闻发布、图文产品发布以及方便管理员进行门户各项内容维护的管理后台。

图 8-5　门户设计方案

8.2.1.4 门户首页

首页主要体现农场企业 LOGO、主旨、全景展示、产品滚动列表、公司简介、新闻动态以及一些突出宣传和与客户交互的内容和链接。

首页下方为产品展示列表，采用图片结合文字的模式，点击可以进入详细的产品介绍页面；LOGO 为农场公司的商标图案；首页最底部为农场企业地址、联系方式、法律权益以及网站内容的一些快速链接通道。

页面左右滚动图片分别为：农场场景三维、农场服务主旨内容、农场肉牛宣传彩图、智能大棚彩图以及突出显示公司实力和特色的主题图片。

公司介绍：简明扼要的介绍公司基本情况，点击后可以进入详细介绍页面；新闻动态：以图文链接方式提供农场最新动态。

其他：可以推出一些农场的优惠政策、宣传主题链接等，点击后可以进入详细的介绍页面。

8.2.1.5 栏目页面

农场门户涉及的栏目页面有：农场动态、产品展示。

农场动态主要是一些类似文字新闻列表、图文新闻列表的发布。

产品展示主要侧重的是产品分类和产品的缩略图片展示；产品内容页面直接和商城对接，调用商城的产品购买页面，形成门户与商城的有机融合。

8.2.1.6 专题页面

专题页面主要是指一些特定功能的展示，如全景展示、三维展示、VR 体验、留言反馈以及一些活动类专题性质的页面，这些页面都需要根据实际的功能和需求进行独立开发后，通过链接直接和主页相应的功能链接挂接。

8.2.1.7 后台管理

本门户基于成熟的 DEDEcmS 框架进行二次开发，后台管理由于是面向门户网站管理员，因此直接采用 DEDEcmS 原有的后台管理功能，对于新闻发布、产品发布、网站内容的发布均通过此后台进行维护。

8.2.2 数据库设计

现有的应用系统主要有农场门户、电子商务、数字化大棚系统以及视频监控系统四个，如图 8-6 所示，数据中心主要是用来存储门户、产品商城、数字化大棚产生的各类基础数据和业务数据。由于门户系统和网上商城均采用成熟的第三方系统，但是两则采用的数据库分别为 My-SQL 和 MS-SQL，为了适应两个系统的数据库需求，数据中心门户存储继续采用 My-SQL。

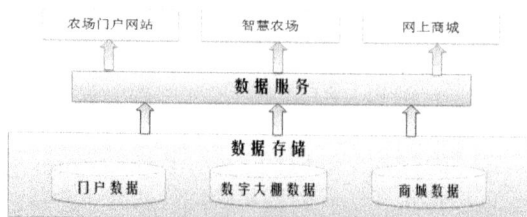

图 8-6　数据中心

门户系统由于采用的事互联网商业系统，数据库采用的是 MySQL 数据库，对于门户网站，采用直连的方式进行数据的读取和存储，数据库表结构设计，也采用原有系统的数据库表结构存储。原则上数据中心对该系统的数据库不做任何修改，对于涉及新的功能扩展需要增加数据库表，数据中心统一通过数据服务对外提供。

智慧农场数据主要涉及的是各类传感器数据的采集，数据量大、关联性单一，因此在数据才存储上，数据中心采用 MS-SQL 数据库进行集中采集存储，各类数据采集后，由数据中心上独立开发的数据转化程序，负责将各类数据整理归类，并入库到 MS-SQL 数据库中。

网上商城系统采用的是成熟的开源系统，数据库是 MS-SQL，所有数据结构均使用系统自带格式，对于新增的功能，可以通过拓展数据表来实现。

8.2.3 电子商务平台设计

电子商务平台采用的是开源系统 BrnShop，本方案中仅对该开源平台整体架构做一个剖析，目的是后续基于 BrnShop 进行二次开发及新功能增加。

8.2.3.1 源代码剖析

开源商城 BrnShop 代码解决方案是由 4 个解决方案文件夹构成，它们分别是 Libraries，Presentation，Strategies 和 Plugins。① Libraries：商城基础类库，主要提供系统核心，数据访问，业务逻辑等功能。② Presentation：商城 web 展示，提供网站前台和后台实现。③ Strategies：包含各种策略程序集。④ Plugins：包含开发授权，支付等插件。

BrnShop 的主要功能都在 Libraries 和 Presentation 中，而 Strategies 和 Plugins 只是提供程序外围的一些服务。

（1）BrnShop.Core 项目。

这个项目是 BrnShop 最核心的项目，它提供商城最底层、最基础的服务。

（2）BrnShop.Data 项目。

这个项目主要是通过调用 BrnShop.Core 项目中的 BSPData 类来和各种数据存储做交互。

（3）BrnShop.Services 项目。

商城的业务功能实现，如果想找商城某个功能的实现可以在这个项目中找，如购物车的实现。其次在 BrnShop.Service 项目中有个 Admin 文件夹，这个文件夹是商城后台操作要用到的类。

（4）BrnShop.Web.Framework 项目。

这个项目主要提供商城 web 层面的设计。里面都是自定义控制器类，分页，动作筛选器等 MVC 方面的东西。

（5）BrnShop.Web.Admin 项目。

商城网站后台，这个项目的类型是类库，不是 web 项目（但 mvc 的各部分俱全），所以不能直接启动。关于网站发布问题，这里提供一个简单的方法，首先将 vs 的生成配置改成"release"，然后将 BrnShop.Web 项目中的 web.config 文件中的 compilation 节点的 debug 属性设置成"false"，然后重新生成 BrnShop.Web 项目，最后把 BrnShop.Web 项目的文件夹复制并删除无用的文件（例如 obj 文件夹下的文件）到 iis 中就可以了。

（6）BrnShop.Web 项目。

商城网站前台：使用 ASP.NET MVC3 实现。各个文件夹或文件解释如图 8-7 所示。

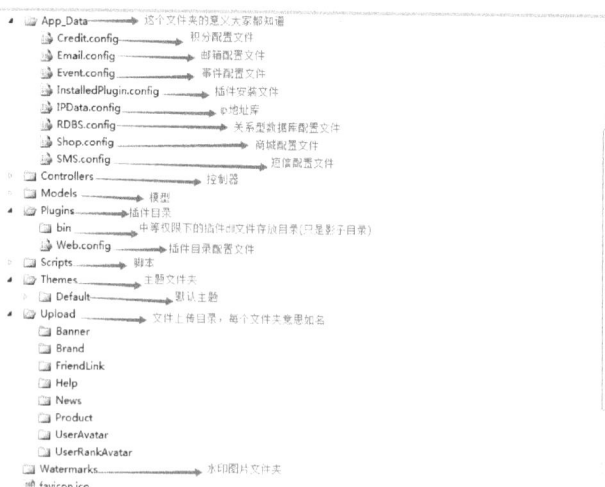

图 8-7　各个文件夹或文件解释

8.2.3.2 商城程序发布

第一步：将 vs 的编译方式改为 Release，如图 8-8 所示。

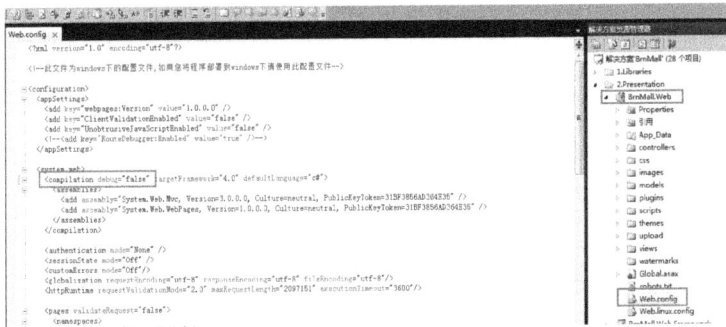

图 8-8　将 vs 的编译方式改为 Release

第二步：打开 BrnShop.Web 项目下的 Web.config 文件，将 compilation 节点的 debug 值改为"false"，如图 8-9 所示。

图 8-9　将 compilation 节点的 debug 值改为"false"

第三步：重新生成解决方案，如图 8-10 所示。

至此编译完成，可以直接将 BrnShop.Web 文件夹部署到服务器上去了。此时 BrnShop.Web 文件夹中有许多文件已经编译到 dll 中去了，所以可以删除这些文件也不影响程序的部署。

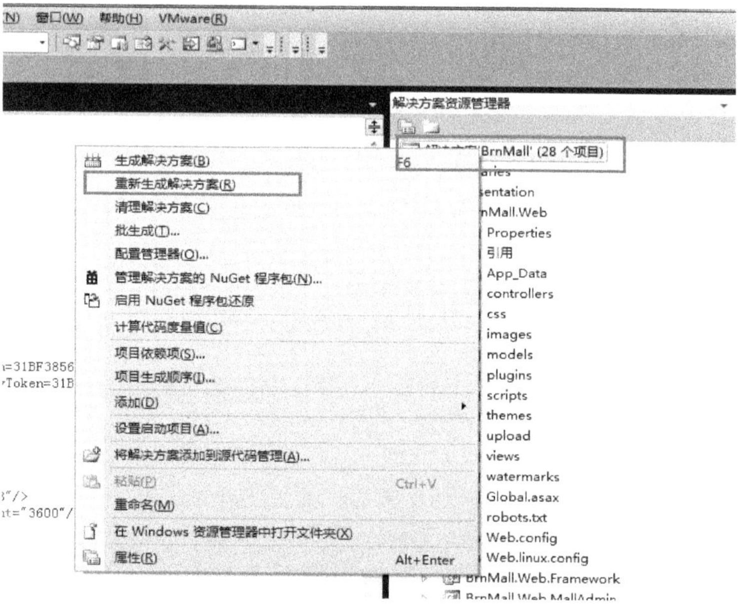

图 8-10　重新生成解决方案

8.2.3.3　商城的使用

（1）前台页面。①首页、（栏目）、搜索、热门搜索、登录注册；②商品分类；③轮播图片；④购物车。

（2）后台功能。

基本数据：品牌，分类，属性（有些属性用作 sku，有些属性还要提供商品筛选功能）。

商品属性：商品图库，商品属性列表，商品关键词列表，商品库存（有的需要按照仓库拆分）。

促销活动：概括起来主要是两大类，一类是商品自身提供的优惠，如优惠券、积分等。另一类主要是搭配促销，包括赠品、套装等。

商城统计：在不依赖第三方的情况下需要提供商城访问统计、商品访问统计、在线人数统计等。

购物车和订单：购物车和订单应该是商城最难设计的一部分，难点主要包含两个方面：首先是各种促销的计算，其次是性能问题（目前系统采用多线程，消息队列来提升购物车的性能）。

9 风险控制与效益分析

9.1 育肥肉牛风险分析

9.1.1 我国育肥肉牛业现状

畜牧业已经成为我国农业领域增长最快的产业之一，而肉牛业又是畜牧业中增长最快的产业之一。我国的肉牛业仅用了不到30年的时间，就从一个主要为种植业提供畜力的不发达的家庭副业，发展成一个规模庞大的商品性肉牛业。我国肉牛业所取得的巨大成就令一些国外学者刮目相看。但是，近几年我国肉牛业正经历着由增长速度放慢到负增长的尴尬局面。

9.1.1.1 散养户育肥长期处于亏本经营

在我国农村，一个散养农户一般饲养 1 ~ 3 头母牛，主要用于农耕，常以农作物秸秆、饲草及自产的少量谷物作为饲料。这些散养农户养牛规模虽小，但却是我国肉牛业的主要生产者。在20世纪90年代，农户之所以在亏本情况下仍然坚持养牛，一个重要原因是政府推出了一系列育肥肉牛的鼓励政策，特别是"秸秆养牛计划"；另一个重要原因是散养农户不是按照市场机会成本来计算劳动力的投入，导致这部分生产要素的价值被低估（或者根本没有计入成本），从而养牛表面上对于散养农户来说还是有利可图的。尽管近几年散养户与市场的关系越来越紧密，同时，价格体制、生产体系得到显著改善，技术效率也大幅度提高，但是，散养户养牛亏损的局面并没有得到根本扭转。

9.1.1.2 专业户育肥长期微利

专业户在很多方面都不同于散养户，其中一个主要区别是，专业户的大部分收益来自专业化养殖，且生产规模较大，其养牛所需大部分生产要素需要外购，并且产出需要外销。因此，专业户在进行财务核算时需要把各项投入均按市场价值计价。人工成本是肉牛饲养的必要成本，无论是农户自家劳力还是雇佣劳力均应按市场原则计价。考虑到人工成本所占比例较大，且存在显著的机会成本效应，专业户很有可能是以"是否获得净利润"作为他们经营的"底线"。另外，专业户与市场关系更为密切、风险更大，也更直接受到来自技术创新及管理模式创新的影响。

20世纪90年代末，无论是养牛收入还是整体务农收入，专业户均高于散养户。但由于经常发生阶段性市场波动，农户整体上长期处于微利状态，甚至是亏损状态。

随着混合饲料的采用以及肉牛饲养及管理水平的提高，专业户更加重视出栏肉牛的活重。为此，先进技术的采用就显得十分重要。一般来说，肉牛活重每增加1%，收入将增加3%。众所周知，肉牛活重的增加离不开追加饲料。但对于专业户来说，其面临的主要风险并非来自饲料价格。因为，饲料价格每上涨1%，收益仅相应减少1%，并没有放大效应。这反映出同西方国家的肉牛育肥场、中国的养猪业及家禽业比较，肉牛育肥专业户对谷物市场的依赖程度相对较低。

事实上，决定专业户收入的最主要因素取决于农户购入的架子牛与出栏肉牛之间的差价。对于专业户来说，经营成功的关键在于能够买到价格低廉的架子牛，进而谋求出栏肉牛能够卖出更高的价格。但是，这几年的事实证明，要获得这样的差价是十分困难的，并且颇具风险性。

9.1.1.3 规模化育肥赢利水平低

中国农业改革的一个重要目标是促进规模化生产，其目的在于获得规模经济效益。郎沃斯等把我国肉牛的规模化育肥按其经营规模大小，概括为 4 种不同类型的育肥场。与西方国家相比，中国的肉牛规模化育肥场效益普遍较低，尤其是那些生产规模小、开工率不足的小型育肥场更是如此。

由于饲料成本占整个生产成本的比重相对较小，所以肉牛饲养的赢利状况对饲料价格的敏感性并不是特别突出。当然，架子牛的增重也是十分重要的影响因素，但架子牛与出栏肉牛之间的买卖差价却对育肥场的赢利状况有着十分重要的影响。

9.1.2 牛肉进口对育肥肉牛影响不大

9.1.2.1 牛肉进口给育肥肉牛业带来的影响

近期几则关于进口活牛和牛肉的新闻再次引起了国内肉牛产业的强烈关注：一是首批澳洲进口屠宰用的一千多头肉牛抵达山东，并将于本月屠宰投放市场；二是江苏苏州保税口岸开通，进口牛肉价格明显低于市场牛肉价格；三是美国牛肉将于 7 月 16 日开始出口中国；四是中国和南非签署协议有条件地进口该国牛肉等。

近两年由于我国肉牛产业陷进入了洗牌阶段，养殖户和屠宰加工企业的利润开始缩水，市场需求量也随着餐饮业的低迷而有所回落，这样的进口无疑给国内牛产业带来了影响。

（1）为何进口活牛和牛肉。

长期以来，我国的育肥肉牛业一直都处于传统的散养模式，再加上牛源紧张的原因，所以牛肉价格居高不下，进而养殖业的利润空间也较大；当这样的情况遇到消费者的消费观念开始转变，牛肉逐渐成为餐桌热宠，牛肉产量不足以满足消费需求的增长的缺点被进一步放大，这就意味着牛肉价格开始快速上涨。也正是在这样的情况下，国家开始陆续开放国内市场，开始进口牛肉，用来补足牛肉消费缺口和平抑高速上涨的牛肉和活牛的价格。通俗来说，如果不是进口牛肉的冲击，恐怕现在牛肉价格已经高到相当一部分消费者只能望而兴叹了，消费量一旦萎缩的话，肉牛产业恐怕遭遇的将会是灭顶之灾。

（2）进口牛肉未必廉价。

牛肉和活牛的大量的进口始于 2010 年，主要集中于从 2015 年开始进口澳洲牛肉后，在这段时间之前，我国也有少量的进口牛肉，但一直未对市场产生大的影响。2010 年后由于牛肉价格开始快速上涨，不少不法投机者看到了这其中的巨大利润，开始走私牛肉进入国内。据我们不完全统计，目前市场流通的国外牛肉，一大半以上都是走私牛肉的泛滥，确切地说应该是大量的走私牛肉严重冲击了市场，而正关进口的牛肉虽然对市场有影响，但是这个影响却无法归于冲击。进口牛肉的影响主要是集中于价格和消费缺口方面，其影响也是可以归于正面的，对国内牛业的发展具有推动作用。

根据美国农业部监测数据来看，美国牛肉均价每英担（合 45.4 千克）为 116 ~ 126 美元，折合人民币合 17 ~ 19 元 / 千克。看似十分廉价，可这仅是牛肉批发均价而已。通常牛肉会根据牛种、大小、饲养方式以及部分进行分级，等级稍微高点的牛肉通常会比均价高出一倍甚至更多。从相关部门发布的进口美国牛肉准入通告中获知，只限 30 月龄以下的剔骨牛肉或带骨牛肉。再结合其他种种迹象来看，美国牛肉看中的是中国高端牛肉市场，将会主推高端谷饲牛肉（说直白一点就是饲料牛肉）。其市场定位与澳大利亚及新西兰相似，未来三国进口牛肉在市场上势必会有一场比拼。

同时也可以肯定进口美国牛肉不会是最低等的牛肉，其批发价格将会高于美国牛肉均价。若再加上进出口企业利润、进出口关税以及运输费用等，其零售价格基本上不会低于国内牛肉价格太多，所以说进口美国牛肉未必廉价。

9.1.2.2 牛肉进口对育肥肉牛冲击不大

虽然美国是全球数一数二的牛肉出产国，但放开美国牛肉的进口其实对中国市场的冲击并没有想象那么大。有业内人士指出，中国牛肉市场近几年已经迎来了好几个世界级牛肉大国的进口高潮，无论澳大利亚还是巴西牛肉，都没对中国牛肉产业带来颠覆性的影响，所以美国牛肉的到来也没那么可怕。

中美元首会晤后一个月之际，在国务院新闻办 2017 年 5 月 12 日召开的新闻发布会上，财政部、商务部相关负责人宣布了中美双方就农产品贸易、金融服务、投资和能源等领域的问题已经达成的十项共识。在这个被称为"十个贸易大礼包"的清单中，位居首位的就是美国牛肉——中国将尽快允许进口美国牛肉，"最迟不晚于今年 7 月 16 日"。虽然这个消息似乎在中国还没有引起太大反响，但在大洋彼岸的美国则反响格外强烈。不仅美国商务部长罗斯、白宫新闻发言人斯派塞都在记者会上专门介绍了这一消息，甚至特朗普也忍不住为此事发了推特，称"中国允许进口美国牛肉才是真正的新闻"。而美国的全国养牛者牛肉协会更是对中国将解禁美国牛肉进口发表声明，称："怎样形容这对全国养牛业者的好处都不过分！"

美国牛肉价格之便宜闻名全球，那么这个轰动美国的"大礼包"，对于未来美国牛肉和中国牛肉的市场将意味着什么？在这场"斗牛"大战中，中国牛肉将如何应对？

（1）美国曾是中国最大牛肉进口国。

中国之前进口美国牛肉，已经至少是 13 年前的事情了。在 2003 年之前，美国是中国最大的牛肉供应国，中国进口牛肉中三分之二都来自那里。不过自从 2003 年底美国牛肉和牛肉产品被检测出牛脑海绵状病感染（即俗称的"疯牛病"）后，中国颁布了对美国牛肉的进口禁令。从此，绝大部分美国牛肉与中国市场无缘了，去年中国曾对美国牛肉进行了有条件解禁，但采购量依然很少。

然而，美国牛肉无法进入中国的这 13 年，也正是中国牛肉进口迅猛增长的时期。目前中国是全球牛肉消费需求增长最快的市场，也是全球第二大牛肉进口国。数据显示，去年牛肉进口量达到 82.5 万吨，金额约 26 亿美元。而中国之前向美国牛肉开放的最后一年，即 2003 年，全年牛肉进口量仅为 1 500 万美元。如此爆发式增长，自然让美国牛肉对即将重启的中国市场充满了幻想。

（2）美国牛肉价格低但不一定好卖。

人们更关注的一点在于，为什么美国的牛肉价格会比中国低那么多。原因自然是美国养牛成本明显低于中国，但这其中的原因在哪里？美国育肥肉牛，几乎都是工业化养殖！有肉牛育肥场 4 万多个，每个肉牛育肥场平均养牛 2 000 头，也有上百个养殖规模达到 20 万头以上。一是生产性能更高：美国养牛业良种化意识较高，群经过各个牧场主一代代选育，其生产性能不断得以提升，若论牛群个体大小、生长速度、饲料转化率以及屠宰率等综合生产性能，美国养牛业几乎可以高出我国养牛业一倍有余。二是饲养成本更低：国内很多育肥肉牛还是散户养殖，这大大提升了养殖成本。在美国上千头牛只需几个人管理的模式非常普遍，美国是管理效率最高的牛场。25 万头牛养殖人员只有 28 人，这样平均人力成本就非常低。

但是，工厂养殖为了节约成本，养殖密度高，上千头牛挤在一个牛棚里，这样很容易传播疾病，美国就发生多起因食用染沙门氏菌牛肉馅中毒事件。抗生素的滥用是另一个问题，因为集约化养殖容易感染疾病，这就需要注射抗生素来预防疾病。美国则是世界上为数不多允许使用莱克多巴胺的国家，且残留上限是联合国国际食品法典委员会规定上限的 5 倍。牛在使用瘦肉精后肌肉生长速度、饲料转化率会得到明显提升，最终屠宰率可提高 5% 以上、瘦肉率可提高 8% 以上，饲料转化率可提高 10% 以上。美国多数牧场主均会选择使用"瘦肉精"，以增加生产性能和效益。当然也因为瘦肉精和抗生素的问题，美国牛肉出口在亚洲也被多个国家和地区抵制。美国牛肉虽然有价格优势，但是因为瘦肉精、抗生素等问题不一定卖得好。

（3）降低养殖成本和"冷鲜"或是中国牛肉的出路。

解决养殖成本高的问题两方面，一方面要加大育肥肉牛的规模化，另一方面要打通从牧草和饲料种植到育肥肉牛再到后端牛肉加工、销售的整条产业链，有效降低全过程的成本，这样才能在饲养成本上达到发达国家的水平。

全面实现养牛产业化是个漫长道路，无法一蹴而就。那么对于眼下已经到了家门口的低价格的进口牛肉，中国牛肉该如何应对呢？对此，多家成规模牛肉供应企业的人士都表示，冷鲜肉将是中国牛肉与国外冻牛肉竞争的最大优势。受到运输周期和距离的影响，目前我国进口的牛肉绝大多数都是冻肉，因此占据运输半径优势的中国牛肉应该避其锋芒走"冷鲜"路线。显然，冷鲜肉无论从营养价值还是口感上都优于冻肉，但其劣势就是价格高，只能满足一部分消费者的需求，但也正是这种价格差异消化掉了中国养牛成本的劣势。而且行业预测，随着人们生活水平的提高，人们对冷鲜肉的需求会越来越大，目前在中国人食用量最大的猪肉领域，已经越来越多的人选择冷鲜肉，预计未来冷鲜牛肉的市场也会越来越大。

如果美国牛肉运送到中国走最经济的海运的话，至少要45天才能达到中国，因此只能采取冻肉的形式，这样登陆中国市场的价格应该不到40元/千克。如果美国搞冷鲜肉向中国出口的话就要走空运，美国牛肉空运到中国的成本至少要280元/千克，对于中国牛肉的价格优势全无。所以中国牛肉应该发挥物流周期短的优势大力发展生鲜肉。

9.1.2.3 中国进口牛肉市场竞争激烈

中国一直是世界几大牛肉出口国紧盯的目标，而且竞争激烈。巴西和澳大利亚是目前中国进口牛肉的两个最大来源国。澳大利亚向中国的牛肉出口在 2015 年曾达到峰值，年交易额达到 10 亿澳元。不过此后由于干旱问题，澳大利亚政府限制了养牛数量造成供应下滑，加上当地牛肉价格上涨，限制了对中国的出口数量。2016 年澳大利亚对中国牛肉出口骤降至 6.7 亿澳元，下滑幅度达到40%。正是借助这一机会，去年巴西对中国的牛肉出口份额上升至第一。在这种形势下，如果美国牛肉进来，中国牛肉市场的格局肯定又要生变，之前双雄争霸局面将会变成三足鼎立。

9.1.2.4 进口牛肉对我国牛肉价格影响不大

2006—2016 年我国牛肉进出口统计如表 9-1 所示。

表 9-1　我国牛肉 2006—2016 年进出口统计表

年份	进口金额 / 美元	进口数量 / 千克	出口金额 / 美元	出口数量 / 千克
2006 年	8 450 298	1 160 858	64 157 537	27 448 050
2007 年	14 164 473	3 639 572	79 317 949	28 337 099
2008 年	18 028 309	4 231 328	95 503 578	22 728 950
2009 年	44 046 228	14 158 442	61 205 240	13 395 335
2010 年	84 221 278	23 649 964	109 085 974	22 147 414
2011 年	95 129 185	20 164 124	119 593 224	21 979 124
2012 年	254 659 733	61 386 414	80 601 309	12 200 285
2013 年	1 270 145 097	294 223 063	44 315 882	5 874 229
2014 年	1 289 959 007	297 949 375	59 274 519	6 493 991
2015 年	2 320 587 412	473 835 392	44 721 229	4 702 073
2016 年	2 515 759 707	579 835 586	40 259 454	4 143 312

据农业部生猪等畜禽屠宰统计监测系统监测，2016 全年牛肉产量 717 万吨，增长 2.4%。我国近年来牛肉产量如图 9-1 所示。

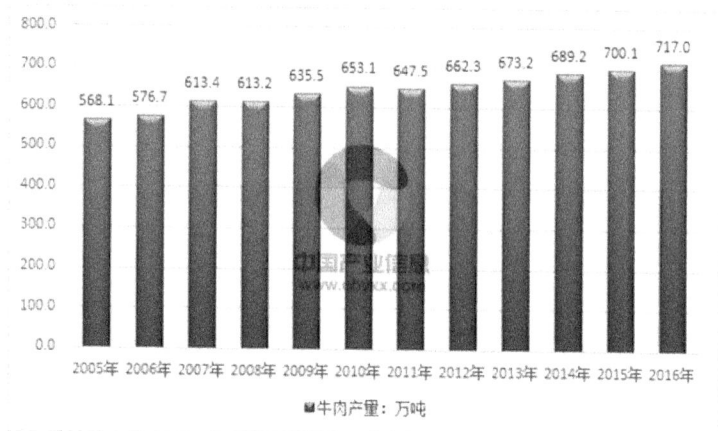

图 9-1　我国 2005 ~ 2016 年牛肉产量

2016 年我国牛肉进口总计 57.98 万吨，进口牛肉平均价格为 4.33 美元 / 千克，其中冷鲜牛肉进口量为 6 833 吨，进口额为 5 711 万美元，平均价格为 8.36 美元 / 千克，进口来源国是澳大利亚。冻牛肉进口量为 57.30 万吨（图 9-2），进口额为 24.58 万吨，平均价格为 4.29 美元 / 千克，进口国主要是巴西（占 29.87%）、乌拉圭（占 27.12%）、澳大利亚（占 18.13%）、新西兰（占 12.57%）、阿根廷（占 9.06%）、加拿大（占 2.37%）、智利、哥斯达黎加、匈牙利、蒙古等。自南美洲的巴西和乌拉圭的牛肉进口量几乎达到 60%，澳新两国的牛肉量为 30%，巴西和乌拉圭分别赶超澳大利亚跃居我国牛肉进口来源国第一位和第二位。

综合国家统计局以及海关数据，2016 年我国牛肉表观消费量为 774.46 万吨，需求较 2015 年同期增长 3.68%。2016 年我国牛肉人均消费量达到 5.60 千克。2006 ~ 2016 年我国牛肉供需平衡统计如图 9-3 所示。

单位：万吨

2016年我国冻牛肉进口量

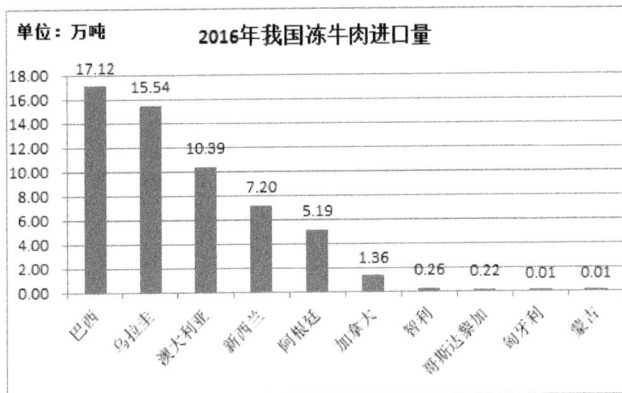

图9-2　我国2016年冻牛肉进口量

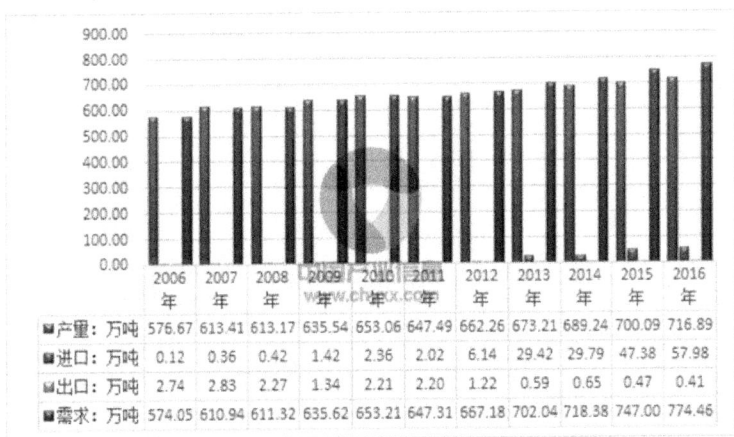

	2006年	2007年	2008年	2009年	2010年	2011年	2012年	2013年	2014年	2015年	2016年
产量：万吨	576.67	613.41	613.17	635.54	653.06	647.49	662.26	673.21	689.24	700.09	716.89
进口：万吨	0.12	0.36	0.42	1.42	2.36	2.02	6.14	29.42	29.79	47.38	57.98
出口：万吨	2.74	2.83	2.27	1.34	2.21	2.20	1.22	0.59	0.65	0.47	0.41
需求：万吨	574.05	610.94	611.32	635.62	653.21	647.31	667.18	702.04	718.38	747.00	774.46

图9-3　我国2006～2016年牛肉供需平衡统计图

2006～2016年我国牛肉人均消费量走势如图9-4所示。

美国农业部统计数据显示：2016年全球牛肉产量为6 048.6万吨，同期中国牛肉产量为716.9万吨，2016年我国牛肉产量占全球总产量的11.9%。2012～2016年中国牛肉产量占全球总量比重分析如图9-5所示。

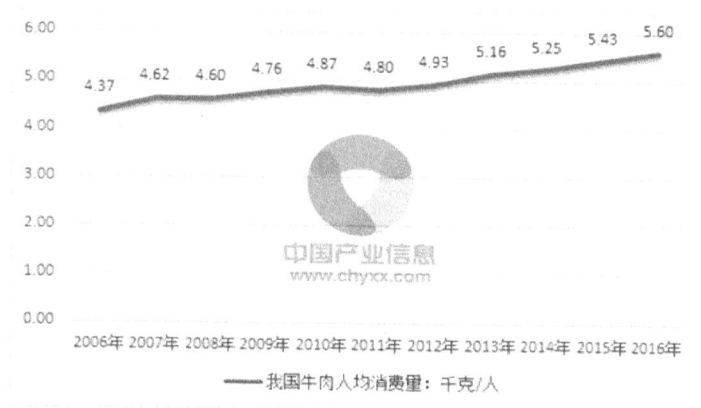

图 9-4 我国 2006 ~ 2016 年牛肉人均消费量走势图

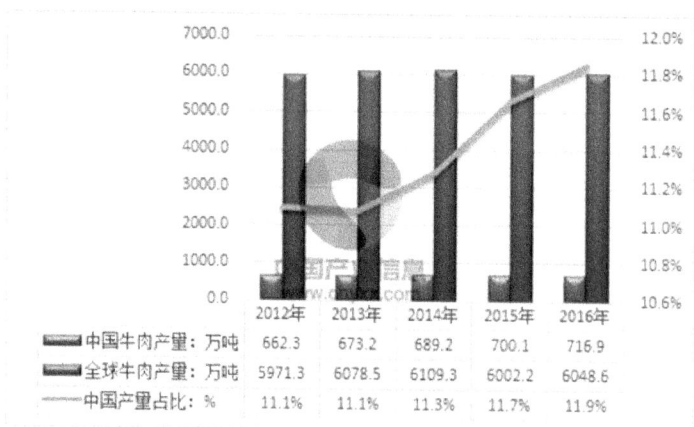

图 9-5 中国 2012 ~ 2016 年牛肉产量占全球总量比重分析图

通过统计分析，一是中国牛肉市场较大，且逐步增长，截至 2016 年占全球消费的 11.9%，而牛肉进口量不足我国总体消费量的 10%，不足以影响国内牛肉价格；二是从进口牛肉单价来说，加拿大牛肉价格最高，为 6.57 美元 / 千克，其次为匈牙利牛肉价格，为 5.27 美元 / 千克，第三位澳大利亚，牛肉单价为 4.83 美元 / 千克，也不会影响国内牛肉价格；三是我国牛肉消费近年来提高很快，需求增长快，而近五年来国内肉牛存栏一直保持在 10 500 万头左右，没有随着需求的增长而增加，因此育肥肉牛业还有增长空间。因此牛肉进口对育肥肉牛影响不大。

9.1.3 中国牛肉市场发展空间广阔

我国是全球第三大牛肉消费国，仅次于美国、巴西。随着中国居民收入的增加、生活水平提高，牛肉的消费量呈现增长的趋势。特别是中国城镇化带来了城乡人口二元结构的调整，城市常住人口的膨胀带来牛肉高档肉消费的增加，2014 年，中国城镇化水平高达 54.8%。预估到 2020 年，中国城镇化水平将突破 60%。2010年中国城镇消费者人均牛肉消费是农村的 4.02 倍，高于同期猪肉的 1.44 倍。西餐文化在我国餐饮习惯中的渗透，各个地区消费牛肉的群体也逐渐扩大。此外，我国目前约有 2 000 多万穆斯林少数民族，这些人群属于牛羊肉的刚性消费群体。因此，我国牛肉总体的消费需求增长较快。2000 年，我国牛肉消费总量约510.2 万吨，到 2016 年，我国牛肉消费总量增长至 770 万吨，2012 年以来保持4.5% 的增长率增长。

但是，中国居民牛肉消费低于欧美发达国家及部分东亚国家，2014 年中国牛肉人均消费 4 千克，仅为日本的 40%，美国的11.1%。中国人均牛肉消费量如图 9-6 所示。

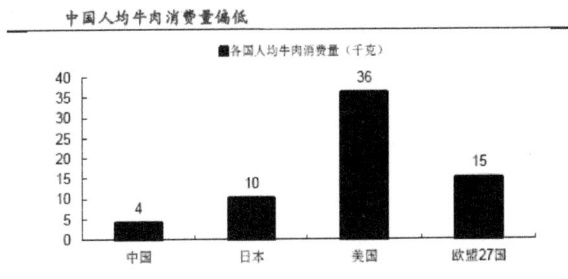

图 9-6 中国人均牛肉消费量图

9.1.3.1 牛肉消费量持续增长是大势所趋

世界银行预测我国 2015—2017 年 GDP 增速将放缓至 7.1%,7% 和 6.9% 左右,经济增速的放缓将直接导致居民人均收入增速的下降。按照世界银行的预测,我国 2015—2017 年人均可支配收入虽然增速降低但数量仍呈增长趋势,2017 年人均可支配收入有望达到 24 705 元。收入的持续提升加上我国居民消费结构的变化将会进一步促进未来牛肉消费需求增长。

9.1.3.2 我国未来牛肉消费量有望达到 1 100 万吨

在牛肉消费攀升已成大势所趋的情况下,未来需求增长空间有多大呢?根据 2014 年美国农业部公布的全球牛肉消费数据,我国人均牛肉消费 5.2 千克,同世界其他国家平均水平 8.6 千克相比还有 3.4 千克差距,按照目前牛肉均价 63 元 / 千克以及总人口 13.67 亿来估算,当达到世界平均水平时,我国肉消费量将突破 1 100 万吨,牛肉消费额将达到 7 000 多亿元,相比现在有近 40% 的增长,需求上升潜力巨大。未来牛肉消费增长空间预测如表 9-2 所示。

表 9-2 我国未来牛肉消费增长空间预测表

我国总人口 / 亿	13.68
牛肉平均价格 / (元 / 千克)	63
我国牛肉平均消费量 / 千克	5.2
世界其他国家平均牛肉消费量 / 千克	8.6
人均牛肉消费量差距 / 千克	3.4
未来我国牛肉消费增长量预测 / 万吨	465.12
未来我国牛肉消费量预测 / 万吨	1 194.82
我国现阶段牛肉消费额 / 亿元	4 597
牛肉消费额预测 / 亿元	7 527
增长空间预测	39%

9.2 育肥肉牛经济效益分析

9.2.1 育肥肉牛经济效益分析

9.2.1.1 育肥肉牛场地建设成本

（1）黄贮窑建设成本。

青贮饲料窑采用半地下半地上方式建设，用钢筋混凝土造四壁，建 16 000 立方米，通过加高 1 米，能贮存 20 000 立方米青贮饲料。四壁按人工费 65 元 / 平方米，窑底面按人工费 7 元 / 平方米，黄贮窑钢筋混凝土作业方量是 2 443 立方米。建造成本见表 9-3 所示。

表 9-3 黄贮窑建设成本

项目名称	规格	单价 / 平方米	小计 / 元
黄贮草池 1 壁	90 米长 10 米宽	65	52 000
黄贮草池 1 底	90 米长 10 米宽	7	6 300
黄贮草池 2 壁	90 米长 25 米宽	65	59 800
黄贮草池 2 底	90 米长 25 米宽	7	15 750
黄贮草池 3 壁	90 米长 10 米宽	65	52 000
黄贮草池 3 底	90 米长 10 米宽	7	6 300
混料费	2 443 立方米	40	97 720
水泥	431 立方米	210	90 480
土建机械费用			50 000
合计			430 350

（2）牛舍建设成本。

牛舍建设工序：放样，打桩，平地并把牛棚中间垫好，打牛槽下面的墙，摆放牛槽，并整平，埋铁柱子、上梁、上 C 形钢、上彩瓦、打胶，放样放完点后埋栓牛柱子并打地面，砌小屋和墙体，建牛排尿沟。

单个牛舍主体结构用料如表9-4所示。

表9-4 单个牛舍主体结构用料

用料名称	规格	数量	单价	总价/元
柱子	直径140毫米×长4.5米+埋柱子25元/根（6米的热镀280元/根，冷镀的190元/根）	30	200	6 000
彩瓦	0.4毫米厚×0.84厘米×12.5米共计85片，另外山墙也有约24平方米，价格是13.5元/米	1 226	13	15 938
H型钢梁	20厘米×12米，500元/根，加工费100元/根	15	600	9 000
C型钢	10厘米，15*71=1 065+12*2	1 100	11	12 100
50钉	10盒子/件，1.5件	15	35	525
焊条	3.2的焊条，4包/件	2	90	180
工价		869	13	11 297

单个牛舍土建及附属材料如表9-5所示。

表9-5 单个牛舍土建及附属材料

用料名称	规格	数量	单价	总价
牛槽下墙	1 000元/个	2	1 000	2 000
牛槽	每牛棚是140米-3.2米/0.95=72*35根/每个	72	35	2 520
牛槽安装	5个工人，3天	15	120	1 800
挖埋栓牛柱坑	2人2天 按小工付100元/天或用小钩机，放样放完点后，一口气挖完。	100		400
砖	挡牛墙1 700+（小屋+两个山墙）520×2	2 740	1.4	3 836
门	90厘米×220厘米	1	280	280

用料名称	规格	数量	单价	总价
牛槽下墙	1 000 元 / 个	2	1 000	2 000
窗户	1.5 米 × 1.5 米	2	110	220
过门	门顶 1 根 1.3 米的 17 元, 山墙 2 个 3 米的 45 元 / 根, 4 个 2 米的 30 元 / 根			227
混料	（12+2+1）*71*0.2 方	213	50	10 650
水泥	水泥和混料的比例大致是 1：5.67	49	285	13 965
彩条布	213/3*8.5+ 铁丝		8.5	632
钢管	46*2+（70+67）*2（目前钢管还够 2 个多棚）	61	60	3 660
钢筋	10 号钢筋：100*0.2/9*27	2	27	54
卡扣	3.5 元 / 个 *46+ 运费 50	46	3.5	211
小屋彩瓦	3.86 米长 0.84 米 4 块	15.44	13	200.72
供电	电线一卷 100 米, 电灯 7 个 × 14 元 / 个, 开关 1 个, 室内灯 1 个 14 元, 插座 1 个 5 元			150
卸扣和栓牛链子	135 元 / 袋 × 2.3/ 袋 +240 × 0.55 元 / 个			442.5
工价	600 粉小屋 +3 288 砌砖 +137 米 × 0.75 米 × 7 元 / 平方米			4 607.25
牛尿道	71 米	2	2 000	4 000
牛棚地面	70 米 × 10.7 × 7.2 元 / 平方米	749	7.2	5 392.8

单个牛舍的建造成本是 11.13 万元 / 个。27 个牛舍计 300.51 万元。

（3）精料库建设成本。

精料库建长 100 米, 宽 10 米, 高 4.5 米的精料库, 材料如表 9-6 所示。

表 9-6 精料库材料

用料名称	规格	数量	单价	总价 / 元
柱子	直径 140 毫米 × 长 4.5 米 + 埋柱子 25 元 / 根（6 米的热镀 280 元 / 根，冷镀的 190）	19	200	3 800
彩瓦	0.4 毫米厚 × 0.84 厘米 × 12.5 米 85 片，另外山墙也有约 24 平方，价格是 13.5 元 / 米	1 226	13	15 938
H 型钢梁	18 厘米或 20 厘米，长 12 米 500 元 / 根 加工费 100 元 / 根	19	600	11 400
C 形钢	10 厘米，15*71=1 065+12*2	1 100	11	12 100
50 钉	10 盒子 / 件 1.5 件	15	35	525
焊条	3.2 的焊条 4 包 / 件	2	90	180
工价		1 000	10	10 000
小计				53 943

土建成本如表 9-7 所示。

表 9-7 精饲料库土建成本

用料名称	规格	数量	单价	总价
砖	砖规格 24*12	78 000	0.3	23 400
砖墙人工费	按每块 0.2 元	78 000	0.2	15 600
混料	10*100*0.2 方	200	50	10 000
水泥	水泥和混料的比例大致是 1：5.67	36	285	10 260
地面人工费	100*10*7 元 / 平方米	1 000	7	7 000
小计				66 260

精料库建设成本是 12 万元。

（4）附属设施建设成本。

附属设施见表 9-8。

表 9-8　附属设施建设成本

	规模	人工费/元	材料费/元	小计/元
办公楼	100 米 × 7.5 米	115 000	135 000	250 000
办公楼前硬化	100 米 × 20 米	14 000	40 520	54 520
办公后路	100 米 × 5 米	3 500	10 130	13 630
料库前的路	100 米 × 10 米	7 000	20 260	27 260
通料池的路	300 米 × 6 米	12 600	36 480	49 068
院墙	1 000 米 × 2.2 米	40 000	120 000	160 000
六池净化池	1 000 平方米	35 000	55 000	100 000
合计				654 478

（5）机械设备购置成本。

附属设施成本见表 9-9。

表 9-9　附属设施建设成本表

设备名称	数量	单价/元	合计/元
6 吨饲料粉碎机	1 辆	28 000	54 520
15 千瓦铡草机	10 辆	12 000	120 000
30 吨压力灌	1 辆	9 000	9 000
三轮车	2 辆	15 000	30 000
其他			50 000
总计			263 520

（6）育肥肉牛场地建设成本。

育肥肉牛场地建设成本见表 9-10。

表 9-10　育肥肉牛场地建设成本表

项目名称	小计/元
黄贮窖建设成本	430 350
牛舍建设成本	3 005 100

续表

项目名称	小计
精料库建设成本	120 000
附属设施建设成本	654 478
机械设备购置成本	263 520
总计	4 473 448

9.2.1.2 育肥肉牛饲料成本

（1）黄贮饲料成本。

20 000 吨，每吨 100 元，黄贮饲料成本计 200 万元。

（2）精饲料饲料成本。

250 千克架子牛育肥出栏精饲料消耗量见表 9-11。

表 9-11　架子牛育肥出栏精饲料消耗量

种类	比例 /%	10 个月消耗量 / 千克
玉米	60	779
麸皮	14	182
豆粕	20	260
预混料	4	51.9
食盐	1	13
小苏打	1	13
		1 298.9

精饲料价格成本计算见表 9-12。

表 9-12　精饲料价格成本

饲料	玉米	麸皮	豆粕	预混料	食盐小苏打	饲料单价 / （元 / 千克）
比例 /%	60	14	20	4	2	
单价 / 元	1.7	1.5	3.05	3.325	1	1.993

精饲料 1 298.5×2 700=3 505 950 千克，精饲料饲料成本计 699 万元。

育肥肉牛饲料成本合计 899 万元。

9.2.1.3 育肥肉牛人工成本

育肥肉牛人工成本如表 9-13 所示。

表 9-13　育肥肉牛人工成本表

职位	数量	工资 / 元	伙食费 / 元
饲养员	27	2 500×27×10=675 000	5×27×30×10
兽医	1	5 000×1×10=50 000	5×1×30×10
供料员	2	3 000×2×10=60 000	5×2×30×10
厨师门卫	2	2 000×2×10=40 000	5×2×30×10
合计	32	825 000	48 000

人工成本开支总计 87.3 万元，计人工成本费用 323 元 / 头。

9.2.1.4 育肥肉牛防疫成本

育肥肉牛防疫成本如表 9-14 所示。

表 9-14　育肥肉牛防疫成本表

	驱虫	健胃	消毒	每头防疫费
防疫单价 / 元	6	20	15	41
防疫成本 / 元	110 700			

9.2.1.5 其他成本

其他成本如表 9-15 所示。

表 9-15　其他成本表

	土地租金	电费	油料
费用 / 元	80 000	60 000	30 000
合计 / 元	170 000		

9.2.1.6 架子牛成本开支

购 2 700 头 250 千克架子牛，按价格 31 元 / 千克计算，需 2 092.5 万元。

9.2.1.7 初期建设总成本开支

初期建设总成本开支如表 9–16 所示。

表 9–16 总计成本开支表

开支名称	成本费用 / 万元
育肥肉牛场地建设成本	447.3 448
育肥肉牛饲料成本	899
育肥肉牛人工成本	87.3
育肥肉牛防疫成本	11.07
其他成本	17
架子牛成本开支	2 092.5
合计	3 554.2 148

9.2.1.8 育肥肉牛经济效益计算

后期维持性开支如表 9–17 所示。

表 9–17 后期维持性开支表

开支名称	成本费用 / 万元
育肥肉牛场地建设折旧费	22.4
育肥肉牛饲料成本	899
育肥肉牛人工成本	87.3
育肥肉牛防疫成本	11.07
其他成本	17
架子牛成本开支	2 092.5
合计	3 129.27

育肥肉牛平均按 580 千克出栏，23.6 元 / 千克销售价格出售，收入 3 727.08 万元，实现纯收入 597.81 万元。

9.2.2 增强育肥肉牛效益的技术措施

9.2.2.1 控制肥育牛的年龄

（1）年龄对增重速度的影响。

肉牛一般在第一年增重速度最快，第二年增重仅为第一年增重的 70%，第三年增重为第二年的 50%。因此，根据肉牛的生长发育特点和市场需求，一般屠宰应在周岁半体重达 500 千克以上屠宰为宜，但不宜过大，过大造成肉的品质下降，饲料转化率低，成本提高。如果有条件，可在周岁时体重 350 千克左右出栏屠宰。养殖户可根据不同目的选择最佳出栏时间和育肥方法，确保养牛效益及牛肉品质的提高。

（2）年龄对饲料的影响。

不同年龄肉牛完成肥育消耗的总饲料量基本差不多，但是犊牛的饲料利用效率最高，1 岁牛居中，2 岁牛的最低。

（3）年龄对出栏时间的影响。

犊牛一直到出栏都能保持较高的生长速度，因此当市场价格低时，可以再喂一段时间，等待好的价格。1 岁牛或 2 岁牛则不行，因为它们只在特定肥育阶段生长速度较快，超过这个阶段再继续饲养，生长速度就明显减慢，利润大幅度下降。总之，在不同条件下对肥育牛的年龄有不同的要求，要想提高育肥肉牛的效益，必须综合考虑，权衡利弊，才能获得最大的经济效益。

9.2.2.2 降低饲养成本

在购买肥育牛的价格和出售价格基本稳定的情况下，肥育肉牛经济效益的好坏决定于饲养成本的高低，饲养成本越低，经济效益越好。

（1）日粮中的粗料应多样化，组成"花草"，使适口性提高，也利于营养互补。可多饲喂甜菜糟渣、胡萝卜等多汁饲料，以增加牛对干草、秸杆的采食量，有利于牛的增重和健康。在大多数情况下，在整个肥育期间应给予牛只充分采食；如果给予限制饲喂，则可能降低增重，影响饲料转换，并提高增重成本。

（2）延长饲喂时间，全天栓系或自由采食、自由引水，少喂勤添，减少维持营养消耗，可节省饲料。

（3）保持安静环境，避免牛群受惊扰，尽量减少牛的运动量，降低能量消耗。

9.2.2.3 科学利用添加剂，提高育肥效果

肉牛在肥育期使用催肥饲料添加剂，可提高牛体合成代谢作用，使饲料中的氮源物质更多地转化为牛体蛋白质，碳水化合物更多地转化为脂肪；或改变牛体内不同激素的浓度对比，协调内分泌系统的功能而提高体内生长激素的分泌量；或控制牛体的代谢速度，以降低牛的活动量，从而降低牛的维持需要，使更多的营养物质，特别是能量物质在体内的蓄积而最终加速肉牛在肥育期的增重，缩短肉牛的肥育期，获得较高的经济效益。肉牛常用的催肥饲料添加剂有：

（1）碳酸氢钠。

牛瘤胃的酸性环境对微生物的活动有重要影响，尤其是当变换饲料类型时可使瘤胃的 pH 值显著下降，而影响瘤胃内微生物的活动，进而影响饲料的转化。在肉牛饲料中添加 0.7% 碳酸氢钠后，能使瘤胃的 pH 值保持在 6.2 ~ 6.8 的范围内，符合瘤胃微生物增殖的需要，使瘤胃具有最佳的消化机能，提高 9% 的采食量，日增重提高 10% 以上。用碳酸氢纳 66.7 克、磷酸二氢钾 33.3 克组成缓冲剂，肥育前期添加量占牛日粮干物质的 1%，后期添加 0.8%，日增重可提高 15.4%，精料消耗减少 13.08%，并且可降低消化系统疾病的发病率。

（2）莫能菌素（瘤胃素）。

在牛消化道中几乎不吸收，因此，一般不存在在组织中残留和向可食性畜产品转移的问题。在对架子牛进行高精料肥育时应用莫能菌素，能增加丙酸的产生，减少饲料中蛋白质在瘤胃中的降解，而增加过瘤胃蛋白质的总量，增加净能及氮的利用率，并使肠壁变薄而有利于营养物质的渗透和吸收，瘤胃中纤毛虫和细菌总数增加 1 ~ 2 倍，还刺激脑下垂体分泌激素促进生长发育，从而提高增重速率。每头牛每天用 5.3 ~ 360 毫克混于精料中喂，或把混有莫能菌素的精料与粗饲料混合喂，一般增重可提高 15% ~ 20%。

（3）非蛋白氮。

用得最多、最普遍的是尿素。牛瘤胃中的微生物能利用尿素氮合成菌体蛋白质（真蛋白质），而被肠道利用。每百千克体重用尿素 20 ~ 30 克，混入精料或把混有尿素的精料与粗饲料混合喂；或直接把尿素用水溶解后混拌或喷洒在青干草上喂；或尿素、玉米与糖浆混合成液状饲料喂；或添加尿素制作青贮料喂（添加量一般为青贮物湿重的 0.2% ~ 0.5%，也可用尿素 3.4 ~ 4 千克、硫酸铵 1.5 ~ 2 千克分别配制成水溶液，掺入 1 吨青贮物中青贮，不仅可增加硫元素，还可减少尿素用量，降低成本，饲喂效果更好）。肉牛喂非蛋白氮，增重可提高 10% ~ 20%。

9.2.2.4 提高肉牛的出栏率

出栏率直接反映生产水平、经济效益和产品率，先进国家的平均出栏率在 30% 以上，而我国仅在 15% 左右。出栏率只有在牛群的繁殖率高和饲养周期短的情况下，才能提高。要想提高牛的繁殖率和缩短饲养周期，关键应做好以下几个方面：

初乳是指母牛分娩后 4 ~ 7 天后产的乳，其含有较常乳更多的蛋白质、矿物质和维生素 A，蛋白质中含有大量免疫球蛋白，能有效地增强犊牛的抗病力，镁盐有助于犊牛胎粪的排出。因此，初乳对犊牛具有独特的生物学功能，犊牛生后一小时内，最多不超过两小时喂初乳，当犊牛 4 月龄时，能采食 0.5 ~ 0.7 千克开食

料,即可断奶。断奶后逐步用育成牛混合精料代替开食料进行补饲:
一是补饲植物性饲料。生后两周投喂优质青干草,自由采食;随
后补充犊牛开食混合精料,开始时日喂 20 克,适应几天后逐渐加
量,以不下痢为限;二是补饲脂肪,如熟化的牛油、猪油和植物
油等。

9.2.2.5 选择肥育季节

一般以春、秋季节肥育效果好,此时气候温和,蚊蝇少,适
宜肉牛的生长,牛的采食量大,生长快。育肥季节最好错过夏季,
因为此时天气炎热,食欲下降,不利于牛的增重;冬季由于气温
低,牛体用于维持需要的热量多,增重减慢,饲料消耗多,饲料
报酬低,提高了饲养成本。因此为了避免在冬季肥育肉牛,可调
节配种产犊季节,进行季节性育肥。调整的方法是集中在 4 ～ 5
月配种,第二年的早春 2 ～ 3 月产犊,18 ～ 20 个月龄进入冬季前
出栏。

9.2.2.6 选择优良品种牛育肥

品种及个体不同,生产性能也不同。本地黄牛体型小、生长慢、
屠宰率低,成年公牛体重410 ～ 420 千克,母牛体重370 千克左右,
屠宰率为45% ～ 50%,优良肉牛品种海福特、夏洛来、利木赞,
乳肉兼用品种西门塔尔等,这些品种体型大、生长速度快、饲料
报酬及屠宰率高、肉质好。可选择上述品种为父本,本地黄牛为
母本进行杂交改良,提高后代品质。

9.3 蚯蚓养殖效益分析与风险控制

9.3.1 蚯蚓养殖经济效益分析

9.3.1.1 初期蚯蚓养殖效益

初期蚯蚓养殖在蚓种引进方面支出较大,另外在养殖技术方
面也存在风险因素,初期蚯蚓养殖收益分析如表 9–18 所示。

表 9-18 初期蚯蚓养殖收益分析表

项目开支	开支明细					金额/(元/亩/年)
蚯蚓种费用	蚓床数量/(个/亩)	蚓床面积/(平方米/个)	每m²需要蚓种量/(千克/平方米)	每亩地需要蚓种量/(千克/亩)	蚓种单价/(元/千克)	7 488
	8	30	1.2	288	26	
土地租赁费	500/(元/亩/年)					500
水电费	水泵功率/千瓦	每天工作时间/小时	每天耗电量/(千瓦·小时)	电费单价/(元/千瓦时)	每年10个月计(10亩地)	264
	5.5	2	11	0.8	2 640	
人工费	1亩地7垄,需要6名工人工作2天(含上粪),每名工人按80元/天计算,需要960元/月,每年按10个月计算					9 600
工具费	铁锹×6/(元/个)	铁叉×6/(元/个)	粪耙×6/(元/个)	刷子×2/(元/个)		34.4
	18	18	18	10		
水管材料费	3寸主管/元	1寸斜5孔软管/元	3寸转1寸四通连接头/元			143.4
	1.5元/米×20米	0.155元/米×40米×7	10元/个×7个			
	30	43.4	70			
场棚搭建及地面硬化费	搭建20米×10米场棚一处,供10亩地收蚯蚓使用,场地建设费用为:20×10×60=12 000元,每个场棚使用寿命按5年计算					240
其他费用	蚯蚓病虫害防治和其他不可见开支					500
					合计	18 797
每亩地按产量1 500千克,单价按12元/千克计算(不包含蚯蚓粪的收益)					毛收益	18 000
					净利润	−797

9.3.1.2 后期蚯蚓养殖效益

在后期蚯蚓养殖中，通过预留蚯蚓种，可以降低生产成本，但是人工成本就成了最大的开支，养殖效益分析如表9-19所示。

表9-19　蚯蚓养殖经济效益分析表

项目开支	开支明细					金额/（元/亩/年）
土地租赁费	500 元 / 亩 / 年					500
水电费	水泵功率（千瓦）	每天工作时间（小时）	每天耗电量（千瓦时）	电费单价（元/千瓦时）	每年 10 个月计（10 亩地）	264
	5.5	2	11	0.8	2 640	
人工费	1 亩地 7 垄，后期蚯蚓养殖需要 6 名工人工作 2 天（含上粪），每名工人按 80 元 / 天计算，需要 960 元 / 月，每年按 10 个月计算					9 600
工具费	铁锹 ×6/（元/个）	铁叉 ×6/（元/个）	粪耙 ×6/（元/个）	刷子 ×2/（元/个）		34.4
	18	18	18	10		
水管材料费	3 寸主管（元）	1 寸斜 5 孔软管（元）	3 寸转 1 寸四通连接头（元）			143.4
	1.5 元 / 米 ×20 米	0.155 元 / 米 ×40 米 ×7	10 元 / 个 ×7 个			
	30	43.4	70			
场棚搭建及地面硬化费	搭建 20 米 ×10 米场棚一处，供 10 亩地收蚯蚓使用，场地建设费用为：20×10×60＝12 000 元，每个场棚使用寿命按 5 年计算					240
其他费用	蚯蚓病虫害防治和其他不可见开支					500
					合计	11 281.8
每亩地按产量 1 500 千克，单价按 12 元 / 千克计算（不包含蚯蚓粪的收益）					毛收益	18 000
					净利润	6 718.2

9.3.1.3 降低蚯蚓养殖人力成本决策分析

在蚯蚓养殖中,小规模养殖由于人力工时浪费造成了人力成本的增加。在小规模养殖中,1 亩地 7 垄,后期蚯蚓养殖需要 6 名工人工作 2 天(含上粪),每名工人按 80 元 / 天计算,需要 960 元 / 月,每年按 10 个月计算,每亩蚯蚓养殖人工成本是 9 600 元。100 亩养殖规模的养殖人工成本是 96 万元。

规模化养殖能克服人力工时浪费现象,特别是随着规模化养殖的推进,通过精细分工和劳动作业精确化和定量化,会大大提升作业效率。这是降低人力成本的主要途径。

(1)计算蚯蚓养殖员工数量及开支。

蚯蚓采收工数量及支出成本:在我国中部平原地区,由于天气适宜,蚯蚓露天养殖能降低养殖成本同时对产量影响不大。每年能收集 8 ~ 10 次,每亩地每次能收 300 ~ 400 斤蚯蚓。100 亩养殖规模年产量是 35 万斤,熟练的蚯蚓养殖工每天能采收 80 ~ 100 斤蚯蚓,保持 10 名蚯蚓采收工能满足养殖需要。

蚯蚓上粪工数量及支出成本:蚯蚓养殖上粪工每天需要上饵料 67 立方米,在机械作业配合情况下,约需要 4 名员工作业,上粪工成本支出是 0.25 × 10 × 4=10 万元。

(2)方案选择。

方案一:定额工资

招收 10 名女工,月薪 2 000 元,每年工作 10 个月,工资总额是 20 万元。定额工资作业方式需要在劳动中加强员工的管理,提高劳动效率。由于雨水天气影响正常采收工作,在收获高峰季节,需要调集育肥肉牛员工参加蚯蚓采收工作,按 1 元 / 斤价格进行额外劳动奖励,约需要 5 万元,上粪工成本支出是 0.25 万元 / 月 × 10 月 × 4 人 =10 万元。

方案二:计件工资

按 1 元 / 斤蚯蚓采收进行计件,每年产量是 35 万斤,计件工资支出是 35 万元，上粪工成本支出是 0.25×10×4=10 万元。计件工资能提高劳动效率，但会给产品质量带来一定的影响。

在加强管理、实现精细化分工作业前提下，可以采取招收 10 名蚯蚓采收员工 +4 名上粪工方案。

9.3.1.4 蚯蚓养殖经济效益计算

（1）采用饵料总量方法计算。

20 000 吨蚯蚓饵料，每吨可以生产 7 ~ 10 千克的鲜蚯蚓，鲜蚯蚓产量是 180 吨。按市场价 10 ~ 14 元价格销售，收入是 192 万元。

材料成本支出是 1 681 元 / 亩 ×100 亩，小计 16.8 万元；人工成本支出是 35 万元。

蚯蚓养殖收益约 140 万元。

（2）采用亩产量方法计算。

蚯蚓养殖产量是 1.5 ~ 2.5 吨 / 亩，100 亩生产规模产量的产量是 200 吨，按市场价 10 ~ 14 元价格销售，收入是 200 万元。

材料成本支出是 1 681 元 / 亩 ×100 亩，小计 16.8 万元；人工成本支出是 35 万元。

蚯蚓养殖收益约 148 万元。

采用饵料总量方法计算和采用亩产量方法计算结果相近。

（3）蚯蚓粪收入。

100 亩养殖规模，20 000 万吨蚯蚓饵料，生产蚯蚓粪约 3 000 ~ 4 000 吨，按 200 元 / 吨市场销售价，蚯蚓粪收益是 60 万元。

（4）蚯蚓养殖收益。

蚯蚓养殖收益约 200 万元。

9.3.2 蚯蚓市场销售风险

蚯蚓养殖成功后，常常会出现销售难的问题。作为商品成蚓销售价格在 10 ~ 20 元 / 千克，作为蚓种销售市场价格在 20 ~ 30 元 / 千克，市场波动较大，这给蚯蚓养殖带来较大的市场风险。

9.3.3 增强蚯蚓养殖效益的技术措施

（1）规模扩大的同时加强战略合作，与大型医药、饲料厂签订战略作战协议，确定保护价格，降低风险，增强市场适应能力。

（2）可以将蚯蚓养殖场的蚯蚓就地转化，比如可以养殖一些畜禽，将蚯蚓作为畜禽的动物性饵料，对一些不能直接食用蚯蚓的畜禽可以将蚯蚓加工成蚯蚓粉，将蚯蚓粉拌入饲料中喂畜禽。

（3）可以进行蚯蚓粉的市场开拓，因为相对活体蚯蚓来说，蚯蚓粉保存时间长，便于运输。

（4）在养殖畜禽方面可以使用一些新技术，尽量进行生态养殖，这样可以提高畜禽的附加值。

（5）可以附带养殖其他一些品种，比如供垂钓用的小红蚯蚓、红虫等。

（6）将蚯蚓粉和其他原料加工成水产养殖用饲料，然后进行销售。

9.4 蔬菜种植风险控制

随着人们生活水平的提高和环保意识的增强，食品品质问题也逐渐提高到了议事日程，而农产品生产现状与农业可持续发展之间的矛盾日渐突出，如何正确认识无公害食品、绿色食、有机食品的内涵及其区别和发展趋势，并逐步启发引导人们，对推动该项事业的发展很有帮助意义。

9.4.1 日光温室蔬菜大棚生产成本

伴随着大棚蔬菜种植面积不断扩大，蔬菜大棚专业化生产成都不断提高，大棚设施建设标准和水平日益提高，蔬菜大棚生产中农资投入不断加大，大棚蔬菜生产资本投入水平越来越来高。

9.4.1.1 蔬菜大棚造价成本

蔬菜大棚造价成本与建设时间有密切关系，蔬菜大棚投产时间越短，蔬菜大棚一亩造价就越高。蔬菜大棚的平均使用年限为 8 年，一亩蔬菜大棚造价为 2.5 万元；建成使用时间最长的是 22 年，一亩蔬菜大棚造价是 3 500 元；建成时间最短的只有 1 年，一亩蔬菜大棚造价是 3.8 万元。随着蔬菜大棚建设年限的增加，其一亩蔬菜大棚造价下降趋势非常明显，这说明蔬菜大棚建设年限越短，设施投入越多，一亩蔬菜大棚造价也就越高。

9.4.1.2 蔬菜大棚农资投入成本

蔬菜大棚在蔬菜生产过程中，要投入大量的农资成本。蔬菜大棚农资主要是肥料、农药、种苗、塑料棚膜、水电以及其他配材支出等。从统计数据看，蔬菜大棚农资每亩投入约为 9 800 元，而小麦、玉米等粮食作物的每亩投入是 1 500 元，前者是后者的 6.5 倍，这说明蔬菜大棚的农资投入成本确实很高。

根据统计数据分析，蔬菜大棚肥料的亩均投入最多，占到农资的 43.84%，第二是塑料棚膜，第三是农药，第四是种苗，最后依次是其他支出（包括地膜、铁丝、遮阳网等）、水电和耕地支出。农资是蔬菜大棚种植生产的必要保障，以上每一项都不可或缺。

9.4.1.3 劳动替代性资本

大棚蔬菜生产属于精细农业，需要投入大量的人力劳动进行种植管理，而大棚蔬菜的反季节性更增加了劳动投入需求。蔬菜大棚需要保持适宜的温度，这不仅需要塑料棚膜，而且需要在夜间盖上草毡或棉被。草毡或棉被要在早上太阳出来时拉起，晚上放下后保温，保证大棚蔬菜充分接受阳光照射，提高蔬菜大棚温度。

在人工条件下，草毡或棉被都属于很强的体力劳动，尤其是在蔬菜种植管理与销售的繁忙季节，更增加了劳动强度，产生很强的劳动负效用。目前，蔬菜大棚卷铺设施发展迅猛，已经全部依靠大棚卷帘机代替人力劳动，大大减轻了人力劳动成本和劳动强度。从成本来看，平均每个蔬菜大棚卷帘机造价为 6 000 元，最多 1.8 万元，平均每亩蔬菜大棚的卷帘机造价为 3 000 元。大棚卷帘机并非蔬菜大棚生产的必要生产物资，但是它的使用极大减轻了蔬菜种植户劳动负效用，增强了劳动替代性资本的投入。

9.4.1.4 大棚机械设备投入

随着农业机械的不断更新换代，农业机械成为农业生产必不可少的装备（图 9-7）。目前，蔬菜大棚生产中为提高生产效率，使用了大量农业机械，比如耕地机、运输车、取暖风机、插苗机等农业机械设备。据统计数据分析，平均 10 户中有农耕机械的占到 6 户，超过 85% 的大棚种植户都配有自己的农用车和运输工具。自家装备农耕机械可减少雇佣机械的服务费用，每亩可节省 6 000 元。自家配备农用运输车可以大大提高蔬菜运输效率，节省时间成本。

图 9-7　大棚机械设备

总结得出，蔬菜大棚在精细化规模化生产前提下，需要投入大量的蔬菜大棚建设成本、农资成本、劳动替代成本和机械设备成本，而这些成本都是在目前蔬菜大棚生产过程中不可或缺的投入成本，受制于这些成本的不断上升，是导致蔬菜大棚生产投入成本也居高不下的主要原因。

9.4.2 日光温室蔬菜大棚经济效益

9.4.2.1 蔬菜大棚销售收入分析

根据市场调研和统计分析，从销售收入平均水平来看，平均每亩大棚蔬菜销售收入是 2.2 万元，相比于亩均粮食（小麦和玉米）的收入 2 132 元，蔬菜的收入是其 10.2 倍，具有良好的经济效益。

9.4.2.2 蔬菜大棚净收益分析

大棚蔬菜的净收益是衡量蔬菜大棚生产是否盈利的关键。据科创温室工程公司综合数据分析来看，在不计蔬菜大棚固定资产折旧和家庭劳动力成本下，蔬菜的亩均净收益平均值是 2.5 万元，最高亩均净收益是 6 万元，最低亩均净收益是负值，亏了 5.8 万元，其中有 8.84% 的亩均净收益是负值，即农户亏本经营。

在考虑蔬菜大棚固定资产折旧和劳动力成本下，蔬菜大棚的亩均净收益平均值是 1 万~1.2 万元，最高亩均净收益是 5.9 万元，最低亩均净收益是负值，亏了 8.7 万元，其中有 41.83% 的亩均净收益是负值。

按 400 亩生产规模，收益是 400 万元。

9.4.2.3 蔬菜大棚净收益率分析

蔬菜大棚净收益率反映了大棚蔬菜生产的利润率情况，若净收益率高，说明蔬菜产业发展好，经济收入增加，农户种菜积极性也跟着上升，若极低说明大棚蔬菜产业发展没有利润，农户种菜积极性也会降低。

在不计蔬菜大棚固定资产折旧和家庭劳动力成本下，蔬菜大棚的净收益率平均值是 217.41%，最高净收益率是 934.97%，最低净收益率是负 85.90%。在考虑大棚固定资产折旧和家庭劳动力成本下，蔬菜的净收益率平均值是 18.98%，最高净收益率是 247.31%，最低净收益率是负 94.71%。这说明蔬菜种植的净收益率较高，但存在两极分化的情况。

综上来看，蔬菜大棚种植相比粮食作物具有明显的经济效益优势，而且投资的净收益和净收益率较高，具有高投入高产出特点，但大棚蔬菜生产仍存在净收益和净收益率两极分化现象，存在部分亏本经营现象，这与农户蔬菜大棚种植的技术水平和市场供需情况有重要关系。从长远来看，发展蔬菜大棚经济效益显著，是农民致富脱贫的好渠道。

9.4.3 日光温室蔬菜大棚种植风险

9.4.3.1 无公害食品、绿色食品、有机食品的内涵

无公害食品指产地环境、生产过程、产品质量符合国家或行业无公害农产品的标准并经过检测机构检测合格，批准使用无公害农产品标识的初级产品。产品标准、环境标准和生产资料标准为强制性国 家及行业标准，生产操作规程为推荐性行业标准，要求食品基本安全。

绿色食品是按照特定生产方式生产，经专门机构认定，许可使用绿色食品商标标志的无污染的安全、优质、营养类食品。分为 A 级和 AA 级绿色食品。AA 级等同有机食品。法规标准属于推荐性国家农业行业标准。由农业部"中国绿色食品发展中心"负责组织和运行。在认证产品格局上 70% 为加工产品、30% 为初级农产品，价格高于普通食品 10% ~ 20%。有机食品是根据有机农业原则和有机食品生产、加工标准生产的，真正来源于自然、富营养、高品质的环保型安全食品。全球范围无统一的标志，其法规标准以国际有机农业运动联盟（1FOAM）的标准为代表的民间组织标准和各国政府推荐性标准并存。转基因产品不属于有机食品。有机食品价格高于常规食品 50% 至几十倍。

由于农业传统种植方式的变革，使得化肥、杀虫剂、农药大量使用，给环境及农作物都带来了极大的危害。人们也越来越意识到了这一点，食品安全成了大众关注的一个突出问题，人们对那种原始种植方式生产的农作物的需求越来越迫切，有机农业也

就应运而生了。有机蔬菜是有机农业中很重要，而且数量较大的一部分，是指生产环境未受到污染，生产活动有利于建立和恢复生态系统良性循环，保护生态多样性，在蔬菜生产加工过程中不使用化肥、农药除草剂、生长调节剂、各种食品添加剂等化学合成物质，使蔬菜这种产品保持原汁原味，不采用转基因技术及产品。有机蔬菜的种植对土壤的要求比较高，并且不能使用化肥和农药，因此，有机蔬菜的口味好，安全性高，这也是它为什么越来越受到青睐的原因。

9.4.3.2 市场上有机蔬菜鱼龙混杂，乱象丛生

瘦肉精、染色馒头、一滴香……各种食品安全问题不绝于耳。有机蔬菜似乎成了营养、安全的符号。其实，大部分消费者对有机蔬菜的认识往往停留于保鲜膜上面贴的标志和昂贵的售价。事实上，市场上有机蔬菜鱼龙混杂，乱象丛生。

大多数消费者并不了解有机蔬菜、绿色蔬菜、无公害蔬菜以及普通蔬菜的区别。正规的有机蔬菜应贴有"中国有机产品"绿色圆形标志，处于转换期的有机蔬菜应贴有"中国有机转换产品"土黄色圆形标志。其他市场上庞杂的有机标志大致可分为两类，一类是有机蔬菜认证机构的标志，这类标志也应与"中国有机产品"圆形标志同时使用才规范。另一类是生产者自己印制的某某农庄、某某生产基地的标签，这类标签并不能保证是有机蔬菜。

目前，我国的蔬菜认证分为三个层次：无公害认证、绿色认证、有机认证。有机认证是要求最严格的一项，其生产过程中不使用任何人工合成的化肥、农药、生长调节剂、饲料添加剂、食品添加剂、防腐剂等，也不得采用基因工程。无公害认证要求最宽松，只要蔬菜中残留的农药、重金属、有害微生物等物质不超国家标准即可，可以说是一个市场准入的基本标准。而绿色蔬菜则是介于两者之间。但大多数消费者并不了解有机蔬菜、绿色蔬菜、无公害蔬菜以及普通蔬菜的区别，而消费者普遍的心理是贵有贵的

道理，贵的就是好的。

9.4.3.3 有机蔬菜认证标志无防伪功能，盗用、冒用十分容易

根据认证机构的新规定，生产企业不能在产品上印刷或模压标志，只能在认证的产品范围、数量内向认证机构购买、加贴。这是一种防范生产企业超出生产能力加印加贴有机认证标志的制度设计。但认证机构根据产量配发的有机产品认证标志是否全部被规范使用却无从考证。此外，业内人士认为，由于认证标志不具有防伪功能，且没有编码，如果管理不严，盗用、冒用、超范围使用标志十分容易，且一般消费者难以识别真伪。

9.4.3.4 有机蔬菜检测困难

在销售环节，按规定，有机蔬菜除产品上应加贴有机标志外，还应在柜台或货架上公示"有机产品认证证书"，上面包括认证时间、地块、品种、产量等信息。因有机蔬菜环境要求高，种植难度大，不可能大量供应。但是，即使花费高达3万元以上的检测费，也无法判断一棵蔬菜是否有机。在国家认证监督管理委员会的官方网站上共有24家有机蔬菜的认证机构，但认证中心的机构一般只做企业认证送检。另外，检测农药分好多项，比如DDT，666，并且还下分很多小项，总共不少于100项，每一项检测费是300元，检测成本太高。

另外，是否是有机蔬菜是无法靠检测一棵菜得出结论的，因为有机蔬菜强调的是一个生产过程，从种植、收获到包装，甚至上了餐桌都是有一套标准的，即使没有检测出蔬菜上有农药残留，也不能就此判断它是有机蔬菜，重点还是过程监控。

9.4.4 控制风险的对策

发展有机食品是一个从生产基地建设到市场体系建立的系统工程。

（1）制定和实施无公害农产品生产标准，严格执行国家和农

业部的系列农业标准，并结合本市制定颁发农产品（蔬菜）产地环境、生产质量、产品质量、农产品加工地方标准及生产技术规程，通过国家认证，创造品牌。

（2）加强农业投入品监管，建设食品朔源系统，完善监测网络，打造全生命周期监控物联网。加强对蔬菜有害残留的检测工作。把好生产基地和摊头市场两个关口，严禁超标菜上市。

（3）推广无公害农产品生产技术。包括土壤监控改良、测土配方施肥、生物有机肥应用、高效低毒农药及生物农药综合防治技术、畜禽品健康养殖技术、无公害加工、包装贮运技术。

（4）积极推动有机食品的开发，推动有机食品的发展，加大有机食品营销力度，建立起自己的营销网络，通过有机食品的市场和销售网络力争创建自主品牌。

10 发展规划与运营管理

10.1 发展目标

10.1.1 初期目标

（1）建设 2 700 头育肥肉牛场。

（2）建设 100 亩蚯蚓养殖场。

10.1.2 远景目标

（1）若干农牧生态观光园（每个农牧生态观光园包括：1 个育肥肉牛场，100 亩蚯蚓养殖场、200 ~ 400 亩日照温室有机蔬菜种植园建、10 ~ 20 个田园庭院观光园）。

（2）肉牛交易中心。

（3）农牧物联网研究中心。

（4）网电子商务平台。

10.2 发展计划

10.2.1 初期计划

1. 育肥肉牛

第一年 9 月采购 250 千克架子牛 2 700 头，10 月收购青贮玉米秸秆 2 万吨，10 月份收购玉米 2 500 吨；第一年 9 月起每月采购混合料需要 105 吨。

2. 蚯蚓养殖

第一年9月蚯蚓养殖达到12亩,10月达到25亩,11月达到50亩,第二年3月达到100亩,第二年4月起每月销售4万斤鲜蚯蚓。

10.2.2 远景计划

1. 育肥肉牛场

(1)先期建设育肥肉牛场养殖规模达到3 000头后,月供量不低于300头,与架子牛供应商达成战略合作协议,解决架子牛平价供应问题。

(2)逐步扩建2~3个育肥肉牛场使得出栏达到万头规模后,通过与肉牛屠宰场和肉联厂达成战略合作协议,达到销售价格稳定目标,增强市场抗风险能力。

2. 育肥肉牛合作社与交易中心

带领周边群众成立育肥肉牛合作社,通过合作社实现育肥肉牛出栏量快速扩大;借助与架子牛供应商战略合作,为育肥肉牛合作社平价提供牛犊;借助与肉牛屠宰场和肉联厂达成战略合作,为育肥肉牛合作社保护价收购商品肉牛;解决育肥肉牛合作社采购与销售的市场风险问题,达到稳步提高周围群众收入的目标。

3. 饲料加工厂

饲料加工厂专供饲料既能解决规模化养殖商品肉牛质量问题,又能降低生产成本。通过规模化采购玉米、豆粕、麦麸、预混料等物资,能有效降低原材料成本,从而降低精饲料成本,也通过饲料加工厂解决部分人员就业问题。

4. 有机蔬菜种植观光园

按照10~20亩建一个园区,每个园区建一个庭院园田观光园;每200~400亩成立一个小镇,满足游客观光与居民生活需要。

5. 网电子商务平台

建立农产品溯源信息平台,实现产品全周期监控,打造有机食品品牌，通过网电子商务平台解决市场销售问题。

10.3 融资策略

10.3.1 众筹融资

1. 众筹融资解决初期资金问题

基于互联网平台的众筹融资模式已有 10 多年历史，是基于较完善的投融资体系、更成熟的社会契约文化，"众筹"体现的是交易型融资。在中国由于独特的文化基因和制度环境，中国式众筹不是"筹资"，而是"筹人"。即将众筹项目未来发展所需要的资源提前锁定为股东，变外部交易为内部合作，以资源匹配、激活和转换实现共赢。通过众筹项目对股东的正向回馈，增强股东在过程中的参与感、归属感，使其不再简单地扮演出资人的角色，而是主动地将自有的资源和众筹项目进行组合。与此同时，建立众筹参与者须由成员推荐的机制，借助熟人圈的约束力，降低可能存在的道德风险。

谈笑有鸿儒，往来无白丁，人文气氛好。找到一群有共同价值观的人、有共同利益点的人，相互摩擦、相互作用，一定要有相互摩擦的过程，如果没有相互摩擦的过程，后面一定会出问题，小摩擦越多，后面越健康。此种模式明显优于交易型、赞助式模式，它更契合于儒商"谦和互助"的行为规范；它是我国古代商会文明的现代写真，它是网络创业时代的人文和谐。

2. 众筹规避非法集资

众筹是最容易和非法集资联系起来的法律风险。非法集资表现为非法吸收公众存款和集资诈骗形式，我国法律规定是重罪，在美国集资诈骗（如著名的麦道夫骗局）也同样是重罪。由于我国金融政策和法律不完善，民间借贷现象普遍存在，我国司法机关对非法集资采取了保守、审慎和严谨态度。在目前的法律环境下，避开非法集资风险，操作众筹项目要把握以下几点：

第一，面向熟人圈，不针对陌生人。通过熟人的推荐和背书，既降低了交易成本，也选出了靠谱的股东，同时也规避了面向陌生人开幕集资金带来的法律风险。

第二，人数不超过200人。按照我国《公司法》规定：设立股份有限公司，发起人不能超过200人，目前200人做股东众筹需要极其谨慎对待的法律底线。

第三，不承诺回报，出资人应具备风险识别和承受能力。目前众筹正处于起步阶段，众筹投资人一定应该是有风险识别和承受能力的人。

把握这些原则与推出的《私募股权筹融资管理办法》有异曲同工之处。在股权众筹的操作过程中，如采用代持的方式，需推荐一位德高望重的、大家都非常信任的股东来做代持人。如采用建立有限合伙公司的方式，则需要推举董事长、总经理及执委会。两种方式都应在法律框架下操作，根据项目具体情况做出最优选择。

3．众筹规模

（1）众筹规模。

每股100元，第二期释放股数为30万股，最终股数从营业日确认。募集完成后，资金实行封闭运作。经营正常的情况下不得进行增资扩股。若要扩大规模和影响可通过开分园区的方式实施。分园区属于独立法人。

（2）参股限制。

● 每股人民币100元，每个股东最低持股500股，单个股东最高持股为2万股，代人持股总数小于15万股，并与公司签署三方协议。

● 股东可同时在分园区参股，规则与此相同。

（3）股权转让。

● 股权只能转让，不能退股。若放弃股权，则该股权收益列入公益活动捐献。

● 股权可以溢价转让，为保证新股东的"盈利"系数。每股转让溢价不得超过 25%。应以股东候选参股者其他人员的顺序转让。

（4）股权收益。

● 在收回固定投资之前，股东不进行股东分红。

● 分红总额按纯利润的 50% 确定。

● 分红按股数平均分配。

● 分红时间，从固定投资收回之日（具体计算方法由董事会起草方案，股东大会 3/5 以上人数通过）起，每半年进行一次。

● 股东有申请分红的权利，也可由监事会代为提出，董事会决定后实施。

10.3.2 私募股权

企业成熟阶段采用私募股权方式快速融资。私募股权说明如下：

1. 资本构成。

股份有限公司注册资本：××××万元。募集××××万元，职工股×××万元。

2. 经营范围。

（1）肉牛养殖、加工和销售。

（2）蚯蚓养殖、加工和销售。

（3）有机蔬菜种植、加工和销售。

（4）肉牛养殖、蚯蚓养殖、蔬菜种植技术开发，咨询、转让、工程技术咨询、项目承包。

（5）物联网、传感器、综合信息网等计算机应用、通信技术工程技术开发咨询、转让、工程技术咨询、项目承包。

3. 股份有限公司经济效益预测

（1）总投资额。育肥肉牛场固定资产×××万元，肉牛养殖流动资金××××万元；日光温室大棚固定资产投资××××万元。投资总额××××万元。

（2）财务内部收益。

项目	建设期	投产期				
生产周期 / 年	1	2	3	4	5	6
生产负荷 /%	100	100	100	100	100	100
一、现金流入 / 万元	4 867	5 072	5 072	5 072	5 072	5 072
（一）产品销售收入	1 205	1 316	1 316	1 316	1 316	1 316
（二）回收固定资产余值	150	150	150	150	150	150
（三）回收流动资金	3 512	3 606	3 606	3 606	3 606	3 606
二、现金流出	4 500	3 600	3 600	3 600	3 600	3 600
（一）固定资产投资	1 500	0	0	0	0	0
（二）流动资金	2 850	3 450	3 450	3 450	3 450	3 450
（三）经营成本	150	150	150	150	150	150
（四）销售税金及附加税	0	0	0	0	0	0
（五）所得税	0	0	0	0	0	0
三、全部投资净现金流量	367	1 322	1 322	1 322	1 322	1 322
四、累计增量净现金流量	367	1 839	3 311	4 783	6 255	7 727

（3）投资利税率。

年均投资总额××××万元，年利润总额××××万元，种植养殖业免除销售税金及企业附加税。投资利税率 =（年利润总额 + 年销售税金及附加）/ 总投资 =36.7%。

（4）投资回收收益率。

投资回收收益率 = 年利润总额 / 总投资 =36.7%。

（5）年销售收入。

育肥肉牛年均出栏 ××× 头，计 ××× 万元；200 吨鲜蚯蚓销售额 ××× 万元；×××× 吨蚯粪销售额 ×× 万元；400 亩有机蔬菜销售额 ××× 万元。年销售收入合计 ××× 万元。

4. 募集股份理由

募集资金扩建 2 700 头规模肉牛养殖场、100 亩蚯蚓养殖场和新建 400 亩有机蔬菜种植基地，形成了产业链生态循环，实现相匹配的种植、养殖生产规模，通过降低生产成本和生产效率来提高企业经济效益，并促进小镇的建设。

5. 股权证发行

（1）资金总额和发行范围及办法。

a. 资金总额 ××× 万元。

b. 募集范围：采集定向募集方式、对企业法人、社团法人及企业内部职工募集。

c. 发行办法，由 ** 市财务部和中国农业银行 ** 分行联合承办。

（2）股权证面值，自然人股份面值为 100 元、1 000 元两种，分别代表 1 股、10 股（每股股权证面值为 100 元）。

（3）股权证种类。

a. 企业内部职工股：面值为 100 元、1 000 元两种，采用记名发行（一年内不许转让，满一年后按其持有人身份证，可在公司内部职工之间转让）。

b. 法人股：每个法人股东发给股权证一份，面值按实际认缴金额填写，经董事长签字，盖章后生效。

（4）股权收益分配。

a. 优先权：年股息不超过15%，按股份有限公司年终利润分成，由董事会确定股息率。

b. 普通股份：股份有限公司股票实行只计红利的分配方式，

红利率由股份有限公司董事会根据有关股份制企业规定和股份有限公司经营业绩状况决定、上不封顶，下不保底，做到股权平等，同股同利，利益共享，共担风险。

（5）发售股票起止日期：按股份有限公司募股说明书正式通告之日起。为期 30 天（以日历天数计算）终止。

（6）发起人主股情况。×× 省 ×× 市 ×××× 发展有限公司：××× 万元，为注册资本的 20%。

6. 股东的权利与义务

（1）股东的权利。

a. 参加或委托代理人出席股份有限公司股东大会并行使表决权。

b. 按股份有限公司章程和有关规定转让股票。

c. 查阅公司章程、股东大会会议记录和财务会计账目、监督公司的生产经营管理和财务管理，并提出建议和质询。

d. 按其持股份的面额领取红利。

e. 股份有限公司清盘时，以清盘后的资产按股份比例获得股份有限公司的剩余财产。

f. 享受股份有限公司章程中规定的其他权利。

g. 优先股不享受以上 6 条权利，只享受股息；当 3 年内不发给股息时可享受以上 6 条。

（2）股东的义务。

a. 遵守股份有限公司章程。

b. 依其所认股的份数缴纳股金，任何时间不得退股。

c. 以其所持股份的金额承担股份有限公司的亏损及债务的有限责任。

d. 维护股份有限公司的合法利益和权益。

e. 遵守股份有限公司章程规定的其他义务。

7. 相关说明

（1）本股份有现公司以种植养殖生态循环农场建设与生产而募集资金，符合国家优惠政策的待遇。

（2）本次募股针对种植养殖生态循环农牧产业园建设项目，对企业采取定向募集方式，对职工采取内部发行。

（3）本募股说明书的解释权属于本股份有限公司董事长。

10.3.3 上市融资

1．创业板上市财务条件要求

（1）最近两年连续盈利，最近两年净利润累计不少于1 000万元；或者最近一年盈利，最近一年营业收入不少于5 000万元，净利润以扣除非经常性损益前后孰低者为计算依据。

（2）最近一期末净资产不少于两千万元，且不存在未弥补亏损。

（3）发行后股本总额不少于3 000万元。

2．主板和中小板上市财务条件要求

（1）最近3个年度净利润均为正数且累计超过3 000万元，净利润以扣除非经常性损益前后较低者为计算依据。

（2）最近3个年度经营活动产生的现金流量净额累计超过5 000万元；或者最近3个会计年度营业收入累计超过3亿元。

（3）发行前股本总额不少于3 000万元。

（4）最近一期末无形资产（扣除土地使用权、水面养殖权和采矿权等后）占净资产的比例不高于20%。

（5）最近一期末不存在未弥补亏损。

3．财务收益情况。

（1）投资总额：单个微利生态循环园投资总额是××××万元。其中，育肥牛场固定资产投资×××万元，固定资产折旧25万/年，每年流动资金××××万元；日光温室大棚固定资产投资×××万元，固定资产折旧125万/年。

（2）年销售收入与收益：建设期年销售收入 ×××× 万元，其中育肥肉牛 ×××× 万元，鲜蚯蚓 ××× 万元，蚯粪 ×× 万元，有机蔬菜 ××× 万元。收益总额 ×××× 万元。其中育肥肉牛收益 ××× 万元，蚯蚓养殖收益 ××× 万元，蚯蚓粪收益 ×× 万元，蔬菜大棚收益 ××× 万元；投产期年均销售收入 ×××× 万元，其中育肥肉牛 ××× 万元，鲜蚯蚓 ××× 万元，蚯粪 ×× 万元，有机蔬菜 ××× 万元。收益总额 ×××× 万元，其中育肥肉牛收益 ××× 万元，蚯蚓养殖收益 ××× 万元，蚯蚓粪收益 ×× 万元，蔬菜大棚收益 ×××× 万元。

10.4　运营管理

10.4.1　平台建设

在模式展示与体验、项目交流与分享、资源整合与落地过程中，创建文化平台、创业平台和社交平台，实现工作、创业、生活相融合，体现人生价值。

1. 文化平台

精神：将儒家思想的诚信，中华民族的勤奋和新时代的创新精神相融合，形成诚信、勤奋、创新的精神。

价值观：中华传统文化中的仁，佛教教义中的慈，基督教文化的爱，与普世价值一同，形成仁慈普爱、真善致美的价值观。

2. 创业平台

经营理念：追逐梦想、合作共赢、兼顾公益。

创业模式的体验，职场交流互助，创业指导策划，行业专题咨询，创业融资咨询。建立人事圈、策划圈、融资圈或者大健康财务管理圈等，如有问题需要帮忙解决，可以为其专门开一个现场会，请专家和行业内人事现场提出对策；如有创业者需要资金、项目，需要找到志同道合的人，需要人际关系资源或能力提升等，我们将为其专门开一个资源整合交流会，协助其实现创意或项目落地。

3．社交平台

众筹模式：产业界合作抱团思想，弱势群体抱团去做事，实现共同的梦想。

就业创业：谈笑有鸿儒，志同道合者可以在创业平台上建立人际关系资源网；醇厚朴实劳动者可以在就业平台上建立人际关系资源网。

10.4.2　公司运营

1．公司结构

农牧循环园采用公司化运营，公司结构如下：

（1）公司由董事会、监事会和职业经理人（场长）构成。

（2）股东如有意成为正式全职员工，需具备招聘启事上要求的条件（同等条件优先）。

（3）董事会负责战略决策，经理负责日常管理和运营，董事会、职工不得兼任监事会。

（4）员工参股后离职的，可以保留股份，也可以转让他人。被动离职的员工不想保留股份的，由公司负责原价回购并转让给新老股东；无法转让的，做消股处理。

2．股东会

公司最高权力机构为全体股东大会，股东会由全体股东组成，表决时按照股权数计算票数。股东大会有权选举董事会，否决董事会决议，改选董事会。

3．董事会

董事会成员将主要考虑入股数，参考股东资源确定。进行人事行政、推广营销、日常运行技术监管整。岗位分工，岗位权责及分工界限另行起草。农场签约之日起半个月内召开股东大会。

董事会职责主要包括以下内容：

（1）召集股东会，执行股东会决议并向股东会报告工作。

（2）决定公司经营计划和投资方案。

（3）决定公司内部管理机构设置。

（4）批准公司基本管理制度。

（5）听取场长的工作报告并作出决议（总经理）。

（6）制定公司年度财务预算、决算方案和利润分配方案，弥补亏损方案。

（7）对公司增加或减少注册资本、分立、合并、终止和清算等重大事项提出方案。

（8）聘任或解聘公司经理，员工，并决定其奖惩。

董事会的职权也受到三个方面的限制：（1）董事会作为公司的法定代表，不得以公司名义从事与公司无关的活动。（2）董事会不得超出股东大会授予他们的权限范围行事。（3）股东大会决议，如果与董事会决议冲突，应以股东大会的决议为准。

4. 监事会

监事会职责如下：

（1）检查公司的业务，财务状况，查阅账簿和其他会计资料，并有权要求执行公司业务的董事和经理报告公司的业务情况。

（2）对董事、经理执行公司职务和执行法规、公司章程的行为进行监督。

（3）当董事，经理行为损害公司利益时，要求董事和场长予以纠正。

（4）核对公司拟提交股东大会的会计报告，营业报告和利润分配方案等财务资料，发现疑问可以以公司名义委托注册会计师，执行审计师帮助复审。

（5）提交召开临时股东大会。

（6）代表公司与董事交涉或对董事起诉。

（7）公司章程规定的其他职权。

（8）监事会主席和监事代表列席董事会会议。

（9）监事不得兼任董事，场长及其他管理职务。

（10）负责对公司重大事项及方案的检查监督。

5．场长

场长主要职责如下：

（1）根据股东区出的远景目标，制定公司战略，提出公司的业务规划，经营方针和经营方式，经股东会确认后组织实施。在股东会领导下实行场长负责制，对生态园的日常经营、管理和维护负责。主持生态园的日常经营管理工作，实现经营管理目标和发展目标。

（2）主持生态园基本团队建设，规范内部管理，拟定内部管理方案和基本管理制度。

（3）制订生态园区具体规章、奖罚条例、工资奖金分配方案经济责任挂钩办法并组织实施。

（4）建立健全经营目标保证体系，定期主持召开例会，亲自处理生态园区重大问题。

（5）责成员工落实各项管理规定，每月进行一次安全环卫检查，发现问题，督促及时整改，并经常对职工进行素质教育及组织行业知识的培训。

（6）重视人才培养，加强管理，对职工有聘任使用和处置罢免权。对职工工资标准制定和奖金有建议权。

（7）向股东提出企业的更新改造发展规划方案，预算外开支计划；处理公司重大突发事件；推进公司企业文化的建设工作。

（8）列席董事会会议，向董事会汇报经营情况，并提出合理化建议。

根据本公司实际，由发起人推荐，董事会通过的股东负责公司董事长兼总经理职责，在月收收支平衡之前实行记账，第一次分红之日一并计发之后每月发放。生态园区设场长、饲养员、运料员、兽医师等职务。股东做义工按小时计费。

公司组成机构如图 10-1 所示。

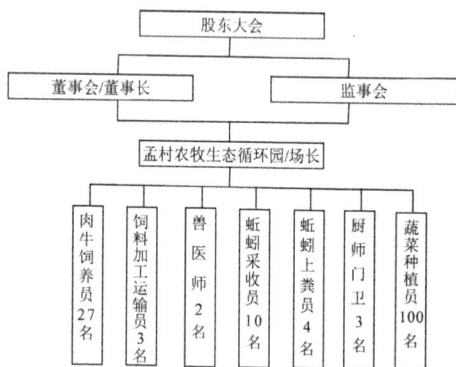

图 10-1　公司组成机构图

10.4.3 管理自治

阳光下，春风里，人们沐浴、唱歌、远眺，无忧无虑，身心自由，可以感受到了春的和熙，歌的嘹亮，诗的馥郁。整齐的包粟茬儿、大大小小的麦草垛、风车、劳动者，以及投影在金色麦田中的小镇……原野的质璞、都市的繁美交汇融合，勾勒出一幅田园都市的梦境，置身其中，在这里劳作，涤滤着人心，美好而纯净！

这就是小镇，小镇是散落人间的天堂，是一个可以放心沐浴畅怀的山水环境，是一个在世界的和谐中能够体会到真正平等放逸生活的地方。

1. 小镇的组成、营造准则与普世价值观

自然、农业、科技、文明、生活、颐养是小镇的组成部分：山清水秀的自然环境，种植与养殖生态循环，现代文明与科技创新是原动力，无忧无虑的工作与身心自由的生活是生活真谛，原野的质璞与都市的繁美融合是颐养天年的地方。

众筹、共建、自治、分享是小镇的营造准则：共同兴趣爱好的相互聚拢，会产生一些超越群体观念的文明，拥有收入来源并将收益继续提供长久的经济支撑，坚持众筹共建之路。

坚持自治与分享的准则，构筑小镇生态圈，构建良好合作机制的运营和共同的监督，打造工作与生活过程的相互帮助。

仁慈普爱、真善致美是小镇的普世价值观：中华传统文化中的仁，佛教教义中的慈，基督教文化的爱，与普世价值一同，仁慈普爱、真善致美在小镇中得以融合，这就是小镇的普世价值观。

2. 小镇的生活服务

探寻生命与土地之间的自然关系，自然、农业、科技、颐养、文明、生活是小镇的组成部分。众筹、共建、自治、分享是田园都市的营造准则。仁慈普爱，真善致美，中华传统文化中的仁，佛教教义中的慈，基督教文化的爱，与普世价值一同，真诚善意、精致完美在田园都市中得以融合！这就是小镇的生活。

家人服务：小镇居住者和居住者之间，也可以超越邻里关系，可以互相关心、帮助，亲如一家。所谓家人服务，基于每位小镇业主的专业背景，为小镇其他居住者提供各种专长服务，也就是说住在小镇，你的邻居就可能是你的医生、老师或者玩伴。

自治共管：小镇中的人们因一些共同的兴趣爱好而相互聚拢，也会产生一些超越群体观念的文明。正是这样的一种范式，参与小镇的自治共管，推动小镇的文明建设，并为小镇做出有益贡献。

公益组织：小镇是一个自己拥有收入来源的公益组织，并将收益继续反哺给小镇，以完成小镇硬件的修缮，并为小镇文化建设提供长久的经济支撑。小镇基金的初始资金主要来源于开发者，再加上小镇今后的参观旅游、公益售卖、产业收益、金融收益、社会捐赠等，并将使用权交于小镇业主。

生活设计委员会：小镇的自治管理将主要依托于"小镇生活设计委员会"这个组织。它包括镇长、副镇长、秘书长以及各个部门的负责人，甚至家长、里长、村长等，而这些岗位上的人都是通过小镇的选举和推荐来产生的，在小镇全体居民的监督和帮助下对小镇日常的运营管理负责。

小镇生活服务，不是物业服务，也不是物业服务的延伸。核心服务内容包括了健康、教育、商业、产业、物业。相比常规物业服务，生活服务并不仅在于园区的日常管理和部分服务的提供，更强调对小镇生活的前置设计，以及介入整个生活过程中的运营，并与居住者建立良好的合作机制，共同构筑田园都市生态圈。

参考文献

[1] 孙语徽. 浅谈植根于"三农"的农村艺术教育 [J]. 才智，2010-12-25.

[2] 孙亚东. 基于农村土地制度改革的思考 [J]. 产业与科技论坛，2017-02-15.

[3] 曹立耘，李翠英. 反季节蔬菜施肥技术要领 [J]. 农家参谋（种业大观），2012-12-25.

[4] 张彬，黄玗琦，潘德栋. 从农村住户调查数据看南宁市新农村建设 [N]. 广西农学报，2007-12-30.

[5] 李建强. 对建设社会主义新农村的思考 [A]. 中国新时期思想 理论宝库——第三届中国杰出管理者年会成果汇编 [C]，2007.

[6] 王海飞. 信息化视角下我国农业转型与发展探析 [J]. 甘肃社会科学，2016-09-25.

[7] 付云. 互联网对农业的五大改造 [J]. 经理人，2014-03-01.

[8] 胡杨，岳海. 凤太行深处的璀璨明珠——**[J]. 中国农业信息，2012-11-08.

[9] 刘碑，张建. 华上海农家乐生态的创意利用与开发 [J]. 上海农业科技，2013-06-05.

[10] 马玲. 屋顶生态系统 碧水蓝天梦想——记深圳市黄谷生态绿化有限公司何志威的中国梦之立体农业梦 [J]. 海峡科技与产业，2016-07-15.

[11] 李道亮. 城乡一体化发展的思维方式变革——论现代城市

经济中的智慧农业 [J]. 人民论坛·学术前沿, 2015-09-01.

[12] 赵萌. 需求率变化的两类库存模型及其算法研究 [D]. 重庆大学硕士论文, 2009-04-01.

[13] 邱时秀, 吴永胜, 杨雪, 孙越鸿, 许祯莹, 曹雨辰. 蚯蚓在现代农牧业中的应用研究 [J]. 四川畜牧兽医, 2012-07-15.

[14] 牛鹏涛. 基于倾斜摄影测量技术的城市三维建模方法研究 [J]. 价值工程, 2014, 26:224 ~ 225.

[15] 丙涛, 王继. 基于倾斜摄影技术的三维建模生产与质量分析 [J]. 城市勘测, 2015, 05:80 ~ 85.

[16] 王伟, 黄雯雯, 镇姣. Pictometry 倾斜摄影技术及其在三维城市建模中的应用 [J]. 测绘与空间信息, 2011, （34）3:12 ~ 14.

[17] 田野, 向宇, 高峰. 利用 Pictometry 倾斜摄影技术进行全自动快速三维实景城市生产——以常州市三维实景城市生产为例 [J]. 测绘通报, 2013（2）: 59 ~ 61.

[18] 刘洋, 无人机倾斜摄影测量影像处理与三维建模的研究 [D]. 东华理工大学硕士论文, 2016-06-16.

[19] 李晓明, 杨晓红, 何新权, 袁艳山, 马新文, 张娟娟, 朱艳丽. 以蚯蚓为链条的低碳循环农业 [J]. 陕西农业科学, 2010-11-25.

[20] 马延光, 赵玉侠, 檀琳, 何国秀. 架子牛快速育肥技术 [A].**省畜牧兽医学会第七届理事会第二次会议暨 2008 年学术研讨会论文集 [C], 2008-04-01.

[21] 张立新. 防止肉牛运输应激的措施 [J]. 现代农业, 2011-05-01.

[22] 薛华. 肉牛常用饲料的特点 [J]. 乡村科技, 2011-04-15.

[23] 李乡状. 农村庭院经济 [M]. 天津科学技术出版社, 2011-08-01.

[24] 刘基伟, 胡成华, 张国梁, 李旭, 吴健. 肉牛饲料的加工

方法 [J]. 吉林畜牧兽医，2011-08-01.

[25] 赵玉芹. 牛舍的基本结构及建造方法 [J]. 养殖技术顾问，2011-02-05.

[26] 郭雪峰，边连全，付亮亮. 新型动物性蛋白饲料——蚯蚓[J]. 吉林畜牧兽医，2007-01-01.

[27] 屈江陵. 利用牛粪高产养殖蚯蚓 [J]. 知识经济，2011-02-01.

[28] 雄州. 大田养蚯蚓也能赚大钱 [J]. 农村百事通，2012-07-01.

[29] 张建雄. 养殖蚯蚓用途广饲喂采收有技巧 [N]. 农民日报，2016-05-25.

[30] 房风文，孔祥智. 蔬菜资本投入与经济效益调查分析报告——以寿光大棚蔬菜为例 [J]. 调研世界，2012-06-15.

[31] 张辉，范炎章. 物联网，我们感知世界的另一扇窗口 [J]. 时代经贸，2010-01-15.

[32] 李星野，王军. 物联网应用技术 [J]. 黑龙江冶金，2015-12-15.

[33] 李圣华，肖传辉. 基于物联网技术的智能农业系统设计 [J]. 科技广场，2011-07-30.

[34] 袁晓庆. "互联网+"农业：助推农业走进 4.0 时代 [J]. 互联网经济，2015-10-25.

[35] 吴婷. 开心农场：从网络走进现实——物联网技术在农业信息化中的应用 [J]. 湖南农业科学，2012-10-28.

[36] 傅波. 我国农产品电子商务发展研究 [D]. 湖南农业大学硕士论文，2010-05-01.

[37] 张晓娟. 农村城镇化与农业电子商务的和谐发展之路 [J]. 经济研究导刊，2011-10-25.

[38] 孙德欣，吕亚军，李文华. 提高育肥肉牛效益的技术措施[J].

中国牛业科学，2011-03-15.

[39] 林丽鹏，余荣华 . 有机蔬菜何以鱼龙混杂 [N]. 人民日报，2011-08-15.

[40] 无公害绿色有机食品发展现状与对策思考 [EB/OL]. 互联网文档资源（http://www.360doc.co），2015-1-6.